AF804444

Der Hund in der Familie

West Highland
White Terrier

Johannes Werner

Der Hund in der Familie

FALKEN

ISBN 3 8068 1014 1

Umschlaggestaltung: Peter Udo Pinzer
Titelbild: Reinhard Tierfoto, Heiligkreuzsteinach-Eiterbach
Fotos: Bender, Tholey-Theley: Seite 3 rechts, 18, 19, 21, 60, 70, 72, 87 links, 114; Polaschek, Linsengericht-Altenhaßlau: Seite 31, 41, 42, 44, 49, 53 unten, 62, 78, 80, 87 rechts, 88, 92, 111, 118, 120, 124;
Sprenger Metallwaren, Iserlohn: Seite 102; Silvestris Fotoservice, Kastl: Seite 13 (Prenzel), 16 (Traub), 59 (Jürgens), 105 (Markmann), 107 (Kerscher);
alle anderen Fotos: Reinhard Tierfoto, Heiligkreuzsteinach-Eiterbach
Vignette: Hilde Adamczyk, Erding

Satz: FROMM Verlagsservice GmbH, Idstein
Gesamtkonzeption: Falken-Verlag GmbH, 65527 Niedernhausen/Ts.

817 2635

Inhaltsverzeichnis

Vorwort

Als ich gleich am Ende des Zweiten Weltkrieges meine Hundeschule eröffnete (Hundeinternat Antonienwald, Bockeler Schweiz, 49419 Wagenfeld), kannte man nur eine Methode, Hunde zu erziehen: die Unterwerfung. Mich befriedigte dieser Drill von Anfang an nicht. Er funktionierte zwar, ließ aber den Hunden keinerlei Freiraum, die eigene Persönlichkeit zu entfalten, von sich aus mitzuarbeiten oder sich während der Übungen zu entspannen.

So entwickelte ich meine eigene Methode, die erste Form der Hundeerziehung, bei der Hund und Mensch Partner sind. Natürlich müssen auch wir in Antonienwald den uns anvertrauten Hunden zeigen, was wir von ihnen wollen, also was sie tun sollen und was sie lassen müssen, aber wir teilen es ihnen auf Hundeart mit. Wir »tadeln« den Hund, wie seine Mutter oder seine Gefährten im Rudel ihn tadeln würden, denn nur so versteht er uns sofort richtig. Und wir sorgen gleichzeitig dafür, daß er möglichst viel Freude an der Ausbildung hat, denn viele Dinge lernen die Hunde bei uns im Spiel und damit gern.

Spielen fördert bei jedem Hund die Lust am Lernen und Arbeiten, und der Spaß am Spiel verbindet auf ganz einzigartige Weise Hund und Mensch.

Es hat lange gedauert, bis dieses neue Konzept einer Erziehung ohne Strafen auch die Skeptiker überzeugt hatte. Heute, nach 40 Jahren Erfahrung im Umgang mit Hunden, kann ich sagen, daß mein Konzept der erste entscheidende Schritt zu einer harmonischen Beziehung zwischen Hund und Mensch war.

Wir arbeiten inzwischen natürlich nicht mehr mit denselben Methoden wie in den 50er Jahren. Der technische Fortschritt hat auch vor der Hundeerziehung nicht haltgemacht. So setzen wir heute mit großem Erfolg Monitoren ein, mit deren Hilfe wir den auf sich gestellten Hund beobachten. Die Verweise erhält er dann über einen Lautsprecher. Wir arbeiten zum Beispiel auch mit Luftstößen und speziellen, dem Hund unangenehmen Geräuschen.

Auch die Ansprüche der Besitzer an ihre Hunde haben sich im Laufe dieser 40 Jahre geändert. Früher sollte ein Hund vor allem Wächter, Beschützer und »Mitjäger« sein. Heute halten sich die meisten Menschen einen Hund als Gefährten und Begleiter, und der muß sich in einer modernen, motorisierten Welt zurechtfinden.

Eines hat sich in diesen 40 Jahren aber nicht geändert: Auch heute versuchen wir, bei jedem Hund die Persönlichkeit zu respektieren. Dabei legen wir großen Wert auf spielerische Elemente während der Ausbildung, denn sie fördern die Bereitschaft zur Mitarbeit.

Damit auch Sie – egal ob erfahrener oder zukünftiger Hundebesitzer – diese erprobte Erziehung ohne Strafen kennenlernen und anwenden können, habe ich dieses Buch geschrieben.

Vom Wildtier zum treuen Hausgenossen

Die Vorfahren unserer Haushunde

Bis heute ist nicht endgültig geklärt, wer nun eigentlich die Ahnherren unserer Hunde sind. Zwar neigen fast alle Wissenschaftler inzwischen dazu, den Wolf als Gründer des Hundestammbaums anzuerkennen, doch es gibt 35 Unterarten des Wolfes, die sich in Aussehen und Verhalten durchaus unterscheiden.

Wir müssen deshalb auch die Möglichkeit in Betracht ziehen, daß es verschiedene Caniden (Hundeartige) waren, die von den Jägern der jeweiligen Kontinente gezähmt und im Laufe vieler Generationen domestiziert, daß heißt, zu Haustieren gemacht wurden, so daß es gut möglich sein kann, daß nicht nur der europäische Wolf oder Nordwolf (Lupus lupus), wie wir ihn kennen, sondern auch seine Verwandtschaft zu den Ahnherren unserer Hunde gehören. Für diese Theorie spricht zum Beispiel, daß auch ein gezähmter Wolf lebenslang die Scheu vor dem Menschen nicht ablegt. Er sucht den Anschluß nicht freiwillig, sondern der Mensch drängt sich auf.

Ganz anders der Haushund, auch wenn er quasi wild lebt. Ich denke da an einen mir bekannten Tibet-Mastiff in Nepal, der Jahr für Jahr in der Nähe von Reisenden auftaucht. Er begleitet regelmäßig die Exkursionen in die Berge. Dabei hält er dauernd Kontakt zu den Reiseteilnehmern und bewacht deren Nachtlager so gut, daß er nicht nur Eindringlinge fernhält, sondern auch niemandem gestattet, das Lager zu verlassen. Wenn die Reisegruppe dann wieder ins Tal steigt, verläßt er sie und trollt sich allein zurück in die Berge.

Die Tibet-Mastiffs gehören zu den sogenannten »Urhunden«, die noch nicht so domestiziert wie unsere anderen Rassehunde sind. Die Hündinnen werden zum Beispiel, wie das auch bei Wölfen der Fall ist, nur einmal im Jahr läufig. Aber trotzdem suchen sie wie alle Haushunde von sich aus Anschluß an den Menschen. Kein noch so zahmer Wolf würde aber aus eigenem Antrieb Wächter und Beschützer von Menschen werden. Nur die wilden Hunde, und interessanterweise viele Wildhunde tun das. Deshalb ziehe ich mich immer zurück, wenn die

Der Tibet-Mastiff gehört zu den sogenannten Urhunden und zeigt noch viele Verhaltensweisen seiner wilden Vorfahren

Diskussionen um den Wolf als Ahnherrn unserer Hunde beginnen. Denn möglicherweise rücken wir in wenigen Jahrzehnten wieder ab von dieser Theorie. Unabhängig vom Ausgang dieser Streitfrage müssen wir aber das Sozialverhalten der Caniden kennenlernen, um den Hund zu verstehen. Und das geht am besten am Beispiel des Wolfes, da dessen Rudelleben hinreichend erforscht ist.

Das Leben in einem Wolfsrudel

Eine strenge Hierarchie bestimmt das Leben in einem Wolfsrudel. Das Leittier – das sogenannte Alphatier – gibt den Ton an. Die anderen Wölfe ordnen sich dem Leittier unter und regeln ihre Rangordnung innerhalb des Restrudels durch Machtkämpfe.

Selten kommt es dabei allerdings zu einem ernsthaften Kampf, denn der Energieverlust und das Verletzungsrisiko wären viel zu groß, und ein geschwächtes oder verletztes Tier bedeutet immer auch eine Schwächung des gesamten Rudels, in dem ja jedes Mitglied eine feste Aufgabe hat. Wölfe verfügen deshalb über eine differenzierte Zeichensprache, mit der sie die Rangordnung untereinander festlegen. Sie besteht aus einem großen Repertoire an Droh- und Schmeichelgesten sowie Aggressions- und Unterlegenheitssignalen.

Die Verständigung von Wolf zu Wolf erfolgt hauptsächlich mit dem Körper und dabei wieder vor allem mit Schwanz, Ohren und Kopf. Ihre Stimme setzen die Wölfe selten ein. Erklärlich, verrät doch jeder Laut ihre Anwesenheit und gibt so Beutetieren die Möglichkeit zur Flucht. Das laute Bellen und Kläffen unserer Hunde, das sie oft genug gegenüber anderen Hunden und auch Menschen einsetzen, ist bei den Wölfen lediglich ein Fiepen und Jaulen. Und auch diese Lautäußerungen hören wir fast nur bei Welpen, die damit ihre Demutsgesten oder ihr Betteln verstärken – erwachsene Wölfe brauchen ihre Stimme nicht zur direkten Verständigung miteinander, die Körpersprache genügt. (Das unheimliche Wolfsgeheul dient unter anderem der Kontaktaufnahme bei großen Entfernungen, worauf aber hier nicht näher eingegangen werden kann.)

Ein selbstbewußter, ranghoher Wolf hält die Ohren aufrecht und den Schwanz zu einem angedeuteten »S« angelegt. Die Kopfhaut ist entspannt, der Kopf selbst gerade wie der Körper. Der Gang ist elastisch und geschmeidig. Solange alle Mitglieder des Rudels das Leittier als Respektsperson achten und kein Fremder sich nähert, bleibt dieser Normalausdruck bestehen. Wehe aber, einer aus dem Rudel stellt sich in den Weg, ein vorwitziger Welpe etwa, oder der Rangzweite, der immer wieder mal einen Versuch unternimmt, dem Leittier Trotz zu bieten.

Die Mitglieder eines Wolfsrudels verständigen sich durch Gesten und Mimik

Dann sträuben sich sofort die Rückenhaare, die Rute stellt sich waagerecht, die Rutenhaare stehen buchstäblich zu Berge, der Hals wird nach oben gerichtet, so daß Schnauze und Kopf einen leichten Winkel nach oben bilden. Die Ohren stellen sich nach vorn, der ranghöhere Wolf bietet dem Herausforderer die Breitseite und bewegt sich dabei steifbeinig mit durchgedrückten Kniegelenken der Hinterläufe.

All das können wir auch beobachten, wenn zwei selbstsichere Hunderüden einander beim Spaziergang treffen. Zusätzlich imponieren unsere Haushunde noch ihren Rivalen, indem sie mit den Vorderpfoten kräftig das Erdreich aufscharren und ihr Bein heben.

Beides tun die Wölfe zwar auch, aber wesentlich seltener. Das Revier wird vom Ranghöchsten einmal markiert und von allen anderen danach respektiert. Nur wenn ein Eindringling den eigenen Urin über die Duftmarke gesetzt hat, »berichtigt« der Rudelführer, nachdem er den Feind vertrieben hat, den Grenzgeruch wieder. Das Scharren gehört bei den Wölfen zur Brautwerbung. Nur während der Läufigkeit der ranghöchsten Wölfin imponiert der Rudelführer ihr und den schwächeren Rivalen um ihre Gunst durch Scharren.

Zeigt das eben beschriebene Imponiergehabe keine Wirkung, verstärken Wolf und Hund es durch Drohgebärden. Sie machen sich durch verstärktes Sträuben der Haare noch größer, zeigen dem Gegner die Breitseite, wodurch sie ebenfalls scheinbar größer wirken, und heben die Rute abermals an. Bei Wölfen steht der Schwanz dann leicht nach oben, bei Hunden kann die Wut soweit gehen, daß sie ihren Schwanz über den Rücken legen. Beide, Wolf und Hund, ziehen die Lippen zurück und lassen die Zähne sehen. Hunde knurren zusätzlich noch tief und grollend. Die höchste Alarmstufe einer Drohung ist es, den Gegner zu fixieren. Denn während Wölfe und Hunde beim Imponiergehabe es soweit wie möglich vermeiden, den Rivalen anzuschauen, blicken beide, wenn sie entschlossen sind, notfalls zuzubeißen, ihrem Opfer direkt in die Augen. Das sollten Sie als Hundebesitzer wissen und Ihrem Tier nicht nach Menschenart »tief in die Augen blicken«. Günstigenfalls wird der Hund sich abwenden und damit in seiner Sprache sagen: »Ich unterwerfe mich, du bist der Ranghöhere«, schlimmstenfalls kann er es als ein Signal zum Angriff mißverstehen. Auf jeden Fall werden Herr und Hund ein paar unangenehme Minuten erleben.

Fast sämtliche dieser scheinbar aggressiven Begegnungen laufen im Wolfsrudel im Grunde friedlich ab, denn bereits die Welpen beherrschen die Beschwichtigungsgesten, die einen erzürnten Rangoberen veranlassen, sich wieder abzuwenden und es beim Imponieren zu belassen.

Da ist einmal das Wegschauen und das Wegdrehen des Kopfes. Die Ohren werden zurückgelegt, die Gesichtshaut gespannt, die Lippen nach hinten gezogen, eine Pfote beschwichtigend gehoben – eine Geste, die viele Hunde zeigen und beim Betteln aus dem Wolfsrepertoire beibehalten haben. Äußerste Demut und Unterwerfung zeigt sich durch Hinlegen, der Unterlegene dreht sich auf den Rücken, zieht die Beine an und bietet dem Gegner den ungeschützten Bauch und die Kehle. Zu dieser Unterwerfungsgeste kommt es bei Hunden wesentlich häufiger als bei Wölfen. Im Rudel würden solche Prozesse, die sich ja minutenlang hinziehen, viel zu viel Energie verschlingen und für zuviel Unordnung sorgen.

Unter Wölfen zeigen die Rangniedrigen bei der Begegnung mit Rangoberen durch angelegte Ohren, ein glattes Gesicht und die zurückgezogenen Lippen, daß sie ihren Rang akzeptieren. Mit dieser Mimik nähern sie sich – den Schwanz eingezogen oder herabhängend – in leicht geduckter Haltung dem Stärkeren und versuchen, in Schnauzenkontakt zu kommen. Wolfswelpen legen zwar auch die Ohren an und zeigen ihr faltenfreies Demutsgesicht, aber sie winkeln nur die Vorderbeine an, bleiben mit den Hinterbeinen stehen und wedeln kräftig mit dem Schwanz, wenn sie den Schnauzenkontakt zum Rudelführer suchen. Bei Hunden bleibt diese »Aufforderung«, sich zu kümmern und freundlich zu sein, oft lebenslang erhalten, wir kennen das Demutssignal der Wolfswelpen beim Hund als Spielgeste. Eine ursprünglich wölfische Demutsgeste ist es auch, wenn Hunde ihren Herrn bei der Begrüßung anspringen und ihn abzulecken trachten. Beides tun Wolfswelpen, wenn ein Erwachsener sich nähert und sie auf Futter hoffen.

Ganz besonders demütige Hunde lassen sogar ein paar Tropfen Urin fallen, wenn sie erregt sind. Auch das kommt beim Wolfswelpen als Ausdruck äußerster Unterwerfung vor.

Wie man sieht, sind die Unterschiede im Verhalten von Wolf und Hund gar nicht so groß. Daß das Repertoire der Wölfe wesentlich umfangreicher ist als das der Hunde, hat seinen Grund allein schon in der unterschiedlichen Körperform. Viele unserer Hunde haben keinen buschigen Schwanz mehr, können also Signale mit der Rute nur verändert oder gar nicht mehr geben. Bei einigen Rassen sieht man statt der stehenden Wolfsohren Hängeohren, andere wieder haben angezüchtete Gesichtsfalten. Trotzdem verstehen die meisten Hunde die Signale ihrer Artgenossen richtig, und wir Menschen sollten es auch tun, es erspart uns viele Mißverständnisse.

Die Demutsgesten des kleinen Hundes – Wegschauen, Ohren zurücklegen, Schwanz einklemmen und das beschwichtigende Heben einer Pfote – zeigen Unterwerfung

Die Bereitschaft, sich dem Stärkeren unterzuordnen, ist bei Wolf und Hund angeboren. Im Wolfsrudel haben zum Beispiel nur das Leittier und sein Gefährte ein Recht auf Fortpflanzung. Dort sind übrigens Wölfinnen häufiger als Rüden die Alphatiere. In der Regel behalten sie ihren Spitzenplatz auch länger als die Männchen, die öfter von Rivalen herausgefordert werden und in Rangordnungsstreitigkeiten unterliegen.

Dieser feste Platz, den jedes Tier im Rudel hat, bewährt sich nicht nur bei der Fortpflanzung, der Welpenaufzucht und der Verhinderung ernster Konflikte innerhalb der Gruppe, sondern auch bei der Jagd. Gemeinsam hetzt das Rudel Beutetiere, gemeinsam verteidigt es sein Territorium. Dem Rang entsprechend wird die Beute aufgeteilt, das ranghöchste Tier bedient sich zuerst und die rangniedrigsten müssen warten, bis die anderen satt sind.
Wenn wir das wissen und uns klarmachen, daß Wolf wie Hund als Rudeltier mit einer solchen Rangordnung zufrieden leben, können wir uns diese Eigenschaft bei der Erziehung zum Wohle von Mensch und Hund zunutze machen.

Die Entstehung der Hunderassen

Nach neusten Erkenntnissen ist die Freundschaft zwischen Hund und Mensch bereits 14000 Jahre alt. Und – noch faszinierender – sie entstand praktisch gleichzeitig überall auf der Welt. Knochenfunde in Afrika, Asien und Europa beweisen das. Ob die Vorfahren unserer Hunde sich den Jägern angeschlossen haben oder ob der Mensch auf den Hund kam, wird ungeklärt bleiben. Vorteile davon hatten auf jeden Fall beide Parteien. Die Zweibeiner, weil ihnen die viel schnelleren, besser riechenden und hörenden Laufjäger halfen, Gazellen, Rentiere und Wildpferde zu erlegen. Die Vierbeiner, weil der Mensch ihnen Futter, Wärme und Schutz garantierte. Als Rudeltier beugte sich der Hund von Anfang an der menschlichen Autorität, die erste Hundeerziehung geschah also quasi zufällig.

Die erste bekannte nordische Rasse, der Torfspitz, von dem die Hirten-, Hüte- und Schlittenhunde, aber auch ein Teil unserer Begleit- und Wachhunde abstammen, ist vermutlich ein Inzuchtprodukt: Die in den Ansiedlungen geduldeten Tiere vermischten sich untereinander. Der Torfspitz wurde von den Pfahlbauern gehalten und nicht zur Jagd ausgebildet und benutzt. Im Süden dagegen züchteten und erzogen die Araber einen schlanken Gazellenjäger, den Saluki, vermutlich die erste südliche Rasse.

Bereits um 4000 bis 5000 vor Christus glichen die meisten der in menschlicher Obhut lebenden Hunde in keiner Weise mehr den Wölfen. Im alten Rom entstanden die Molosser, gewaltige Kolosse, die die Anwesen bewachten, tagsüber an der Kette gehalten wurden und nur nachts frei herumliefen. Diese Molosser traten im alten Rom auch im Zirkus im Kampf gegen Löwen und Tiger auf. Die Römerinnen trugen in ihren Ärmeln winzige Schoßhündchen, die nur einen einzigen Zweck hatten: Gesellschaft zu leisten. Die weitaus größte Zahl der Hunde der Mittelmeerländer und Afrikas aber waren Jagdhunde – schlanke, hochbeinige, langköpfige Geschöpfe, die ideal für die Hatz über die ebenen Steppen waren.

In den nördlichen Gegenden Europas und Asiens dagegen war es genau umgekehrt. Zwar hielten die Bewohner Afghanistans und Rußlands schlanke und – wegen des kühleren Klimas – langhaarige Hetzhunde, die heutigen Bar-

Salukis sind vermutlich die erste südliche Rasse, die von den Arabern zur Gazellenjagd gezüchtet wurde

sois und Afghanen, doch hauptsächlich bevölkerten massige, dickfellige, rundköpfige weiße Riesen die nördlicheren Zonen. Der Pyrenäen-Berghund, der Maremmen-Abruzzenhund und der Kuvacz, der Slovensky Tschuwatsch, der Tatrahund, der Akbash – sie alle sind Abkömmlinge dieser Berghunde, die durch die weiße Farbe leicht von Wölfen zu unterscheiden waren. Sie wurden als Hüter der freilebenden Herden und als Wächter der Hirten und ihrer Familien eingesetzt. Eine systematische Zucht fand nicht statt. Erst im Mittelalter wurden Hunde zu Statussymbolen für Edelleute. Die meisten Jagdhundrassen entstanden in dieser Zeit in England.

In Deutschland entstand 1906 die Vereinigung »Kartell der Rassezuchtvereine und allgemeinen Verbände«, aus der 1925 das »Deutsche Kartell für Hundewesen« (DKH) hervorging, das 1934 auf Weisung der Behörden in »Reichsverband für das Deutsche Hundewesen« (RDH) umbenannt wurde.

Nach Konstituierung der Bundesrepublik im Jahr 1949 entstand dann der »Verband für das Deutsche Hundewesen« (VDH) mit Sitz in Dortmund.

Die Gründung dieser Vereine ermöglichte dann auch die Durchführung von Ausstellungen, auf denen die Züchter stolz ihre Hunde präsentierten und immer neue Rassen vorgestellt wurden. Nicht alle Kreuzungen wurden als eigenständige Rasse anerkannt. Anderen wiederum gelang der Durchbruch sofort. Am 22. April 1899 wurde in Karlsruhe eine Hundeausstellung veranstaltet, auf der einige Hirten und Schäfer mit ihrem Hütehund zusammentrafen. Gemeinsam mit Züchtern gründeten sie den heute weltgrößten Hundeverein, den für Deutsche Schäferhunde. Fünf Monate später wurde der Standard für diesen Gebrauchshund festgelegt, und von da an war sein Siegeszug nicht mehr aufzuhalten. Heute ist er die meistgehaltene Rasse der Welt.

In den Jahren zwischen 1900 und heute fand in der Hundezucht so etwas wie eine Revolution statt. Aus den zweckgebundenen Rassen – bis heute werden alle Hunde nach ihrem Verwendungszweck in Klassen eingeteilt (Jagdhunde, Zwerghunde, Gebrauchshunde, Hetzhunde usw.) – entwickelten sich Seitenlinien für den Familiengebrauch. Der Yorkshire, eigentlich ein »Rattler« (in England zur Rattenjagd gezüchtet), ist so ein Beispiel. Weil er gefiel und sich gut in Familien einpaßte, züchtete man neben den eifrigen Rattenfängern auch Familien-Yorkies. Man wählte einfach aus den Würfen nicht mehr die mutigsten, sondern die hübschesten Exemplare und züchtete mit diesen weiter.

Auch die Spaniels – eine alte Jagdhundrasse – wurde so zum Familienhund. Und nicht zuletzt gehört der Dackel zu den Rassen, die heute häufiger wegen ihrer Eignung als Familienhund gehalten werden als zur Jagd.

Wenn Sie heute eine Rasse wählen, sollten Sie sich unbedingt über die Vorfahren und den ursprünglichen Zuchtzweck informieren, denn keine Rasse kann das Erbe ihrer Vorfahren verleugnen.

Ein Hundeleben

Vom Welpen zum erwachsenen Tier

Wenn ein Hund mit acht Wochen in die Familie kommt, hat er den ersten wichtigen Teil seines Lebens schon hinter sich, er ist bereits vorprogrammiert. Wenn Sie also wissen, wie und wodurch Körper und Seele eines Welpen in den ersten Monaten geformt werden, und erkennen, wie das Verhalten die seelische Entwicklung verdeutlicht, können Sie sich viel gezielter für ein bestimmtes Jungtier entscheiden. Deshalb sollten Sie sich, bevor Sie einen Welpen zu sich nehmen, die entscheidenden Phasen, die er bereits hinter sich hat, verdeutlichen.

Die vegetative Phase

Wenn ein Hundebaby geboren wird, ist es nicht nur absolut hilflos, sondern auch weitgehend abgeschirmt gegen alle Außenreize. Es kann weder sehen, hören, riechen noch schmecken. Neugeborene Hunde nuckeln zum Beispiel genauso eifrig an bitterem Tee wie an der Muttermilch. Die einzigen Sinne, die – allerdings eingeschränkt – schon funktionieren, sind der Tast- und Temperatursinn. Besonders anhand der Wärme, die von der Mutter und den Geschwistern ausgeht, orientiert sich der neugeborene Welpe. Noch nicht einmal eine Stunde alt, wird das Hundebaby, liegt es abseits von Mutter oder Geschwistern, in Richtung dieser Wärme und Geborgenheit robben, denn auch laufen kann es zunächst noch nicht, dazu ist die Muskulatur noch zu schwach. Fast zwei Wochen lang sind die Kleinen nur fähig, nach den milchspendenden Zitzen der Mutter zu suchen und Körperkontakt mit den Geschwistern zu halten. Kräftig stemmen sie beim Trinken die Vorderbeine gegen den mütterlichen Bauch, um den Milchfluß anzuregen. Ein Reflex übrigens, den viele Hunde lebenslang beibehalten, wenn sie um etwas betteln: Aus diesem sogenannten Milchtritt wird später einmal das »Pfötchengeben«.

Zunächst sind die Hundebabys blind und hilflos und ganz auf die Mutter angewiesen

Die Übergangsphase

Wenn sich zwischen dem neunten und zwölften Tag die Augen öffnen, können Hundebabys beileibe noch nicht richtig sehen, sie nehmen lediglich grobe Konturen sowie Licht und Schatten wahr.

Die Augen aller Welpen sind milchigblau, die eigentliche Augenfarbe entwickelt sich erst später innerhalb des ersten halben Jahres.
Auch das Gehör wird erst allmählich funktionstüchtig. Etwa ab der dritten Lebenswoche nehmen die Welpen die ersten Laute wahr. Gleichzeitig entwickelt sich der Geruchssinn, und die Welpen können jetzt unterscheiden, ob die Hundemutter sie liebkost oder ob die menschliche Hand sie berührt. Sie sind in dieser Übergangsphase noch gänzlich ungeschützt und hilflos – ihre gesamte Welt besteht nur aus der Mutter und den Wurfgeschwistern.

Gegen Ende der dritten Woche beginnt die sogenannte Sozialisierungsphase, in der die Welpen anfangen, die Welt zu erobern. In dieser prägenden Phase ist ein Kontakt mit Menschen besonders wichtig

Die Prägungs- oder Sozialisierungsphase

Mit dem Ende der dritten Woche beginnt für die Welpen einer ihrer wichtigsten Lebensabschnitte – die Prägungs- oder Sozialisierungsphase, die etwa bis zum Ende der siebten Lebenswoche dauert. Abrupt endet jetzt die Phase der Abgeschiedenheit und Geborgenheit. Sämtliche Sinne sind erwacht und werden von Tag zu Tag schärfer. Die körperlichen Fähigkeiten nehmen im gleichen Umfang zu, und die Welpen beginnen ihre Muskeln zu erproben. Während bisher sämtliche Wurfgeschwister den gleichen ernsten Gesichtsausdruck zeigten, lassen sich jetzt allmählich die ersten Unterschiede im Ausdruck und Verhalten feststellen. Da gibt es die ganz Mutigen, die sich immer am weitesten weg von der Mutter wagen, an allem Unbekannten forsch schnuppern, alles zwischen die Milchzähnchen, die sich ab der vierten Lebenswoche durchzuschieben beginnen, nehmen und daran knabbern und sich natürlich auch die prallste Zitze bei der Mutter erobert haben. Und es gibt die Schüchternen, die sich nur vorsichtig in die neue, unbekannte Welt wagen, sich am liebsten im Schutz eines Bruders oder einer Schwester bewegen und zögern, wenn ein Hindernis ihnen den Weg versperrt.
Entscheidend aber ist, daß alle Erlebnisse in dieser Phase, die auch die »kritische« genannt wird, prägend für das

weitere Leben des Welpen sind. Das gilt besonders für angenehme Erlebnisse, denn alles, was die Welpen in diesen Wochen als freundlich, ungefährlich und angenehm erleben, wird ihnen lebenslang vertraut sein und ihnen auch später keine Angst machen. Schlechte Erfahrungen, die die Hundebabys in dieser Zeit machen, prägen sich dem Gedächtnis dagegen noch nicht unauslöschlich ein.

Wichtiger, als daß die Kleinen in dieser Phase keine negativen Erlebnisse haben, ist, daß sie überhaupt Erfahrungen sammeln können. Deshalb sollten Sie auch keine Welpen kaufen, die isoliert in einem Zwinger aufgewachsen sind, sondern nur solche, die Ansprache durch Menschen hatten. Diese kennen die streichelnde Hand und haben schon gelernt, sich dem Menschen anzuschließen. Welpen, die von Anfang an wissen, daß es Kinder gibt, daß Verkehrslärm etwas Normales ist, daß Katzen, Ziegen, Vögel und Schafe auch Lebewesen sind, mit denen sich auskommen läßt, machen später bei der Erziehung viel weniger Probleme als Tiere, die all diese Erfahrungen nicht machen konnten.

Mit Beginn der Prägephase fangen die Hundebabys auch an zu spielen. Je weiter sie sich entwickeln, desto heftiger werden diese Spiele. Genau wie alle anderen höheren Säugetiere erproben sie jetzt ihre körperliche Kraft, versuchen sie spielerisch, sich einen möglichst hohen sozialen Rang im (Geschwister-)Rudel zu erobern.

Wie beim Wolfsrudel gibt es auch in einem Hundewurf feste Spielregeln.

Wenn junge Hunde nicht gerade schlafen, spielen sie und üben so ganz nebenbei alles, was sie als erwachsener Hund beherrschen müssen

Über ihren Gesichtsausdruck und die Körperhaltung, später auch durch Bellen oder Knurren zeigen die Junghunde an, was sie wollen, und die Geschwister reagieren mit den gleichen Signalen.

Alle Hunde haben eine ungeheuer abwechslungsreiche Mimik, mit der sie ihre Stimmungen oder Absichten mitteilen können. Die Hundebabys üben diese »Grimassen« monatelang und verfeinern sie im Laufe ihres ersten Lebensjahres ständig weiter. So lernen sie, wie man droht, wie man auf eine Drohung reagiert, wie man klein beigibt oder sich gar bedingungslos unterwirft. Die Hundemutter greift selten aufmunternd, weitaus häufiger strafend ein. Wenn ein Hundejunges sie ärgert, packt sie es am Kragen und beutelt es kräftig durch. Das ist den Welpen zwar unangenehm, tut aber nicht weh.

Von der Prägungsphase an bis zum vollendeten ersten Lebensjahr, bei manchen Rassen sogar noch länger, lernen die Hundejungen vor allem, sich untereinander – also von Hund zu Hund – zu verständigen. Zwischen der siebten und vierzehnten Woche (wenn sie dann noch zusammen sind) bestimmen sie auch ihre Position innerhalb des Wurfes. In jedem Wurf ist einer der Rudelführer, den die anderen respektieren und dem sie den Vortritt lassen. Diese in früher Jugend eroberte Position behält der Hund in der Regel ein Leben lang bei. Wer also den Rudelführer auswählt, sollte sich darüber klar sein, daß das Tier immer versuchen wird, das Sagen zu haben. Solche dominanten Hunde sind also nur etwas für erfahrene Hundehalter. Und einer ist auch fast immer der letzte, der erst essen darf, wenn alle vor ihm sich schon satt gegessen haben. (Mit sechs Wochen essen die Welpen schon selbständig.)
Blieben die Geschwister beieinander, könnte man diese Rangordnung bald ganz klar erkennen.

Mit acht Wochen sind die Kleinen selbständig genug, um Mutter und Geschwister zu verlassen und bei liebevollen Menschen ein neues Zuhause zu finden

Die sogenannte Angstphase

Etwa in der siebten Lebenswoche beginnt beim Welpen eine weitere entscheidende Entwicklung – die sogenannte Angstphase. Nun nimmt er nicht mehr so einfach alles Neue und Unbekannte mit Neugier auf, sondern wird vorsichtig und mißtrauisch. Niemals im Leben eines Hundes können schlechte Erfahrungen prägender sein als zwischen der siebten und elften Lebenswoche. Und gerade weil genau in dieser Phase die meisten Hunde die Trennung von der Mutter und den Einzug in ihre neue Familie erleben, ist es so wichtig, daß Sie keine gravierenden Fehler machen, die im Gedächtnis des Hundes ein Leben lang haften bleiben könnten.

Das Flegelalter

Wenn die Junghunde im fünften Monat ihre Milchzähne verlieren und das bleibende, starke Gebiß erscheint, fängt für sie wieder eine neue Lebensphase an. Beim Menschen nennen wir diesen Abschnitt die Flegeljahre.
Junge Hunde zwischen sechs und zwölf Monaten sind extrem übermütig, ver-

spielt, aber auch trotzig und aufsässig. Vorbei ist die Zeit, in der sie sich bedingungslos dem Rudelführer – ob Mensch oder Hund – untergeordnet haben. Jetzt probieren Sie aus, wie weit sie gehen können, zum Beispiel ob etwas passiert, wenn sie nicht folgen, und ob sie nicht doch zum Rudelführer geschaffen sind. Mit Abschluß des ersten Lebensjahres, spätestens mit 18 Monaten, ist der Grundcharakter eines Hundes festgelegt. Die Einstellung zu Menschen, zu anderen Tieren und zu seiner Umwelt, die er dann hat, bestimmen sein ganzes weiteres Leben. In dieser Zeit sollte er lernen, wie er sich in dem Menschen-Hunde-Rudel zu benehmen hat, was erlaubt ist und wo seine Grenzen sind. Untugenden, die ein Hund in dieser Zeit annimmt, sind ihm nur schwer wieder abzugewöhnen. Meist sind diese Untugenden auf schlechte Erfahrungen oder falscher Erziehung durch uns Menschen zurückzuführen. Das können Sie Ihrem Hund ersparen, wenn Sie ihn und seine Sicht der Welt kennen und verstehen.

Wie ein Hund die Welt erlebt

Wer einen Hund richtig erziehen will, sollte wissen, wie die Welt mit »den Augen eines Hundes« gesehen vermutlich aussieht. Wobei wir gleich bei einem wesentlichen Unterschied zwischen Mensch und Hund sind. Für uns Menschen sind nämlich die Augen unser wichtigstes Sinnesorgan für das Erleben unserer Umwelt. Beim Hund ist das anders. Bei ihm ist der Geruchssinn die wichtigste Informationsquelle. Es sind Gerüche, an denen er seine Menschen, seine Umgebung und andere Tiere erkennt. So wie wir, wenn wir zum ersten Mal in einer Wohnung sind, die Augen umschweifen lassen, um alles aufzunehmen, schnüffelt der Hund in der gleichen Wohnung alles ab. Dabei kann er auch winzige Spuren von Gerüchen wahrnehmen. Das ist auch der Grund, warum Hunde so phantastische Fähr-

Auch wenn Hunde noch so treu gucken können, ihre wichtigsten Sinne sind Geruch und Gehör und nicht wie bei uns Menschen der Gesichtssinn

tensucher sind. Die Vorfahren unserer Hunde haben sich, genau wie alle Wildhunde es heute noch tun, bei der Jagd voll auf ihre Nase verlassen. Noch tagelang, nachdem Herden einen Pfad benutzt haben, können sie die Spur auf dem Boden riechen und ihr folgen. Sogar aus der Luft nimmt ein Hund Duftspuren seiner Beute auf, die ihm der Wind zuträgt. Oft genug kann man Jagdhunde dabei beobachten, wie sie »sichern«: Die Nase hoch in die Luft gereckt erkunden sie, in welcher Gegend sich Reh, Hase oder Fasan aufhalten, und die phantastischen Leistungen, die Hunde bei der Verbrecherjagd oder der Suche nach Lawinenopfern vollbringen, sind wohl jedem bekannt.

Lediglich die Windhunde jagen eher mit den Augen als mit der Nase. Als Abkömmlinge von Wildhunden, die in windstillen Wüsten und Savannen lebten, jagen sie genau wie ihre Vorfahren auf Sicht, sie hetzen, was sich bewegt.

Alle anderen Hunde aber erleben ihre Welt in erster Linie durch die Nase. Und das ist auch der Grund, warum sie überall ihre Visitenkarte in Form von Gerüchen hinterlassen. Wenn ein Rüde, der bei Fremden zu Besuch ist, am Sofa das Bein hebt, wird er nicht selten für nicht stubenrein gehalten. Er hat aber lediglich als Hund gehandelt und über dieses Markieren für andere Hunde die Botschaft hinterlassen, daß er da war. Das eigene Zuhause zu markieren hat er dagegen nicht nötig. Hier riecht es ja sowieso nach ihm und seinen Menschen.

Wie stark sich ein Hund in erster Linie auf seine Nase verläßt, werden Sie auch

Jagdhunde verfolgen die Spuren des Wildes mit Hilfe ihres phantastisch ausgeprägten Geruchssinns

bemerken, wenn er sich einmal weiter von Ihnen entfernt. Beim Zurückkommen wird er nämlich nicht den direkten Weg wählen – es sei denn, er ist sehr weit entfernt –, sondern auf der eigenen Spur im Zickzack zurücklaufen. Das Gleiche erleben wir, wenn ein Hund im Schnee einer Spur folgt. Wir, die wir uns auf unsere Augen verlassen, würden nicht jede Kurve der deutlich sichtbaren Spur nachgehen, sondern den kürzesten und direkten Weg wählen. Ganz anders ein Hund. Er verfolgt den Geruch, der am Boden haftet, und läuft die Spur mit allen Kurven getreulich ab.

Auch das Gehör der Hunde übertrifft in seiner Leistungsfähigkeit unser menschliches. Der Hörbereich ist wesentlich größer. Vor allem beim Wahrnehmen hoher Töne sind Hunde uns überlegen. Sie können, wenn das menschliche Gehör bei Frequenzen über 20 000 Hz

seine Leistungsgrenze erreicht hat, noch die für uns lautlosen Hundepfeifen mit 25 000 bis 30 000 Hz hören. Das Hundehirn speichert die eintreffenden Geräusche und verbindet sie mit angenehmen, alarmierenden und neutralen Erfahrungen. Ein Hund orientiert sich bei diesen Unterscheidungen auch stark an seinen Herrn. Wenn Sie etwa nachts durch knarrende Geräusche erschrekken, riecht Ihr Hund die mit dem Streß verbundenen chemischen Veränderungen Ihres Körpers und merkt sich das Geräusch als gefährlich. Sie dürfen sich dann nicht wundern, wenn er das Knarren später, für Sie vielleicht unhörbar, aus einer ganzen Menge eigentlich viel lauterer Geräusche heraushört und anfängt zu knurren. Gehör und Geruchssinn arbeiten beim Hund eng zusammen, sie verknüpfen seine Erfahrungen.
Die Augen des Hundes dagegen sind in ihrer Leistungsfähigkeit den menschlichen unterlegen. Ein Hund verläßt sich eigentlich nur bei Ereignissen ganz in seiner Nähe auf seine Augen, während er beim entfernteren seinen Geruchssinn und das Gehör einsetzt. Unbewegliche Gegenstände nimmt er nur verschwommen wahr, erst Bewegungen registriert er deutlicher. Hunde sind aber, genau wie wir, in der Lage, Farben zu sehen. Die Netzhaut der Hunde enthält nämlich sowohl Stäbchen für das Schwarzweiß- und Dämmerungssehen als auch Zäpfchen für die Farbwahrnehmung. Wenig bekannt ist, daß manche Hunde sogar einen Farbtick haben.
So der Münsterländer Astor, der in alle fremden Autos steigt, wenn sie nur rot sind. Dabei spielt es keine Rolle, ob es sich um einen Fiat oder um einen Mercedes handelt.
Afghane Pascha hatte einen Blautick, der sich besonders auf die Kleidung seiner Besitzerin auswirkte. Blaue Kleidungsstücke stahl er und zerriß sie.
Gelbe Blumen in Haus und Garten konnte Setter Ingo nicht leiden. Er zupfte sie aus der Vase oder riß sie aus dem Blumenbeet.
Schnauzer Cäsar hatte einen Zorn auf braune Hühner. Alle anderen Hühner ließ er in Ruhe, nur die braunen lösten Aggressionen bei ihm aus, und er verfolgte sie ständig.
Einen interessanten Farbtick besaß Dakkel Schnäzer. Er hatte bei uns in Antonienwald eine Erziehung genossen, um alle Hühner in Ruhe zu lassen. Das tat er auch, aber in der entfernten Nachbarschaft gab es einen Züchter von Holländischen Weißhauben, und um diesen Hühnern die Hälse langzuziehen, lief er einen ganzen Kilometer, weil ihn die schwarzweiße Kontrastfarbe störte.
Wenn ein Hund durch Krankheit oder Unfall erblindet, ist das zwar schlimm, aber es macht ihn nicht hilflos. Ich habe mehrere blinde Hunde bei uns im Internat erlebt, die sich sehr sicher und ohne irgendwo anzustoßen fortbewegten.
Hunde haben auch ein sehr gutes Gedächtnis. Vor allem sehr unangenehme und sehr angenehme Dinge werden meist lebenslang behalten. Die meisten Hundebesitzer wissen das allerdings nicht. Ich habe schon oft mit Menschen, die bei uns einen Hund in Erziehung gegeben hatten, gewettet, daß er sie

auch nach ein paar Wochen sofort wiedererkennt, und habe noch keine dieser Wetten verloren. Sogar verhaltensgestörte Tiere, die von ihrem Besitzer aus dem Tierheim geholt worden waren und erst sechs Tage im neuen Zuhause verbracht hatten, bevor sie bei uns in Erziehung gegeben wurden, haben ihre Herrchen so freudig begrüßt, als wären sie bereits jahrelang bei ihnen gewesen. Und Hunde, die einmal bei uns waren, erkennen diesen Ort, auch wenn sie erst nach Jahren wieder hierherkommen, sofort wieder.

Wie ausgezeichnet das Personengedächtnis der Hunde ist, beweist das Beispiel eines Schäferhundes, der tagsüber im Garten gehalten wurde. Der Nachbarjunge Franz neckte diesen Rüden immer auf dem Schulweg. Er warf Steine ins Grundstück und verlachte den Hund, der sich nicht wehren konnte.

Viel später traf dieser Schäferhund auf einem Spaziergang durch die Stadt auf den Jungen. Er erinnerte sich sofort und biß, bevor ihn sein Besitzer zurückhalten konnte, kräftig zu.

Über die Intelligenz der Hunde wird immer noch heftig gestritten. Zwei Beispiele, die ich selbst erlebt habe, sollen Ihnen verdeutlichen, daß ein Hund, dessen Talente vom Menschen gefördert werden, durchaus in der Lage ist, logisch zu kombinieren.

Einer meiner Kunden aus dem Allgäu fährt mit seinem Neufundländerrüden Pascha oft einige Tage weg, und die beiden übernachten dann im Hotel. Damit Pascha nicht die gesamten Futtervorräte auf einmal auffrißt, stellt der

Die Geschichte des Neufundländers Ingo ist ein schönes Beispiel für die Intelligenz von Hunden

Mann die Reserveportionen immer auf den Schrank im Hotelzimmer. Als er seinen Rüden einmal ein paar Stunden allein im Hotel zurückgelassen hatte, schob der kluge Pascha einen Sessel quer durchs Zimmer zum Schrank und verschaffte sich so eine Möglichkeit, ans begehrte Futter zu gelangen.

Die Setterhündin Tessy, die mit ihrer Familie zusammen Urlaub an der See machte, und ihr tierischer Ferienfreund liefern das zweite Beispiel. Tessy hatte sich mit einem Boxer angefreundet, der sie täglich zum Spielen in den Dünen abholte. Als Tessy an einem Regentag keinen Ausgang erhielt, verschwand der Boxer nach einer Stunde geduldigen Wartens, um 30 Minuten später wieder

aufzutauchen: mit einem großen, saftigen Knochen im Fang. Das leckere Geschenk sollte Tessy zum Herauskommen bewegen.

Meiner Ansicht nach sind viele Hundebesitzer selbst schuld, wenn ihre Tiere solche Beweise ihrer »Intelligenz« nicht liefern. Das geschieht nämlich nur bei Tieren, die die Möglichkeit haben, ihre Persönlichkeit zu entwickeln, die also nicht gedrillt und zu sturem Gehorsam abgerichtet werden.

Allerdings sollten Sie nicht den Fehler machen, die Intelligenz eines Hundes mit menschlichen Maßstäben zu messen. Der Hund kann nur Ereignisse miteinander verknüpfen, die zeitlich eng zusammenliegen. Wenn Ihr Hund zum Beispiel wegläuft und nach einer halben Stunde wiederkommt, hat er lange vergessen, daß er auf Ihr Rufen nicht gehorcht hat. Wenn Sie ihn dann für seinen Ungehorsam vor einer halben Stunde strafen, wird er das nicht verstehen, sondern nur »kombinieren« können: »Wenn ich zurückkomme, werde ich bestraft!« Logisch, daß er sich das nächste Mal noch mehr Zeit nimmt, bis er wiederkommt, denn es erwartet ihn ja ein unangenehmes Erlebnis.

Daß Hunde einen »sogenannten« sechsten Sinn haben, das heißt telepathisch begabt sind, habe ich immer für Unsinn gehalten. Bei den bekanntgewordenen Geschichten über Gedankenübertragung war ich der Meinung, daß diese »Fähigkeit« des Hundes durch den Herrn unbewußt hervorgerufen wird. Doch ich wurde eines Besseren belehrt.

Ein junger Theologiestudent hatte uns seinen Jagdhund zur Ausbildung überlassen. Er erzählte, daß sein Hund, wenn er ihn allein läßt und bei Freunden unterbringt, schon immer einen Tag vorher wüßte, daß er am nächsten Tag zurückkommt, und dies durch ein deutlich verändertes, aufgeregtes Verhalten zum Ausdruck bringt. Wir waren natürlich skeptisch.

Nun gibt es bei uns im Internat eine Regel, daß die Besitzer, wenn sie ihre Hunde wieder abholen, erst einmal unbemerkt vom Hund vorgeführt bekommen, was der Hund gelernt hat, bevor dann das Wiedersehen stattfindet. Das sei in seinem Fall sinnlos, meinte der Student, denn sein Hund wisse mit Sicherheit schon einen Tag vorher, daß er ihn abholen käme, und so war es dann auch.

Am letzten Ausbildungstag fragte ich den Trainer des Jagdhundes, ob er im Verhalten des Tieres einen Unterschied zu sonst bemerkt habe. In der Tat berichtete der Ausbilder, er habe den Hund nicht mehr wiedererkannt. Seit dem Vorabend habe er ihn kaum im Zaum halten können, der Hund sei unaufmerksam, sichtlich erregt und völlig anders als sonst. Und das, obwohl der Besitzer noch nicht bei uns eingetroffen war, er befand sich ja erst auf dem Weg zu uns.

Natürlich läßt sich aus einem solchen einmaligen Erlebnis nicht ableiten, daß Hunde einen sechsten Sinn haben, aber rundweg ablehnen kann ich diese Auffassung seitdem auch nicht mehr.

Hunde unter sich

Begegnen sich zwei Hunde zum ersten Mal, spielt sich vor allem, wenn es sich um Rüden handelt, fast immer das gleiche Ritual ab. Die beiden umkreisen sich streifbeinig, der Schwanz steht gerade, die Ohren sind nach vorn gerichtet, die Nase steht waagrecht. Jeder der beiden versucht, den Geruch unter dem Schwanz oder an der Schnauze des anderen aufzunehmen. Die beiden schauen sich nicht in die Augen, sondern sehen absichtlich aneinander vorbei. Nach diesen Sekunden des Kennenlernens, in denen jeder der Hunde versucht, dem anderen zu imponieren, wird meist ziemlich schnell und für den menschlichen Zuschauer oft überraschend festgelegt, wer von beiden das Sagen hat.

Ein typisches Bild für Rüden, die sich zum ersten Mal begegnen: Steifbeinig und abwartend umkreisen sie einander

Als Demonstration der Stärke hebt vielleicht der eine Rüde sein Bein, setzt seine Duftmarke und scharrt danach mit allen vier Füßen kräftig das Erdreich auf. Oder er stellt sich quer vor den Schwächeren und schneidet ihm praktisch den Weg ab. Akzeptiert der Unterlegene seine Niederlage, ist damit die Auseinandersetzung beendet.

Bei zwei gleich selbstbewußten Hunden geht es dagegen weiter. Als nächstes beginnt einer der beiden zu drohen, um die Rangordnung festzulegen. Er sträubt dabei die Nackenhaare, stellt den Schwanz ein bißchen höher, senkt den Kopf und versucht jetzt, dem anderen starr in die Augen zu blicken, ihn also zu fixieren. Zwei gleich starke Rüden können das minutenlang aushalten, bevor einer von beiden klein beigibt. Der Unterlegene duckt sich dann, legt die Ohren nach hinten, läßt den Schwanz sinken und bewegt den Kopf zur Seite, so daß er den Sieger nicht mehr ansieht. Ein ganz unterlegenes Tier wird als Zeichen der Demut den Schwanz zwischen die Hinterbeine klemmen und sich auf den Rücken legen. Die Ohren werden dabei so stark nach hinten gezogen, daß das Gesicht wie das eines Hundebabys wirkt. Diesen Eindruck verstärkt der Unterlegene noch durch eine Art »Lächeln«, das heißt, er zieht die Lefzen nach hinten. Jeder normale Hund versteht diese Signale und läßt dann vom unterlegenen Gegner ab. Wie überhaupt die Begegnungen zwischen Hun-

den, wenn es sich nicht um Ausnahmefälle, also verdorbene oder kranke Tiere, handelt, meist unblutig ablaufen.
Ernster werden die Auseinandersetzungen, wenn zwei Revierinhaber einander begegnen, die sich beide stark fühlen und nicht daran denken, sich zu unterwerfen. Bei gleich starken, gleich großen Rüden kann es dann zu Beißereien kommen, die durchaus auch blutig enden können. Wenn Sie einen solchen sehr selbstbewußten, dominanten Alphahund haben, sollten Sie anderen Rüden nach Möglichkeit aus dem Weg gehen und dauernde Raufereien und damit Verletzungen vermeiden.
Bei Alphahunden ist eine gute, konsequente Erziehung sehr wichtig, denn nur dann werden Sie als Besitzer wirklich Freude an einem solchen selbstbewußten Tier haben.
Alphahunde entwickeln sich aus den Welpen, die schon im Wurf ein imponierend starkes Verhalten zeigen. Sie drükken beim Säugen ihre Geschwister beiseite und sind immer überall die ersten (siehe auch Seite 19). In der Familie sind sie als Junghunde nett, frech, dreist und liebenswert und tanzen ihren Besitzern sprichwörtlich »auf der Nase herum«. Viele Hundebesitzer neigen dazu, über die Ungezogenheiten eines kleinen Hundes zu lächeln und ihnen nicht energisch einen Riegel vorzuschieben, so daß beim Hund der Eindruck entsteht, er sei der Rudelführer. Und nach einer Weile, meist mit Beginn der Geschlechtsreife, reagiert er aggressiv, wenn etwas nicht nach seinem Willen geht, und fängt an, auch den Besitzer zu beißen, wenn dieser in seinen Augen »ungehorsam« ist. Die geschockten Besitzer wissen sich dann oft keinen anderen Rat, als diese Tiere ins Tierheim zu geben oder vom Tierarzt einschläfern zu lassen.
Dieses Schicksal kann man den Tieren aber ersparen. In Antonienwald haben wir in 35 Jahren Forschungsarbeit neue Erziehungsmethoden entwickelt. Bei dieser Erziehung werden die Alphahunde nicht eingeschüchtert, sondern behalten trotz aller Wohlerzogenheit ihre Persönlichkeit, so daß sie in den meisten Fällen der Familie ein Leben lang Freude bereiten.
Fatale Folgen kann es haben, wenn ein Hund nie gelernt hat, sich zu unterwerfen, beziehungsweise die Unterwerfungsgesten anzuerkennen. Einzeln aufgewachsene Hunde, denen die Lern-

Ein Hundekampf zwischen zwei gleich starken Rüden kann durchaus ernsthafte Verletzungen zur Folge haben

Bullterrier werden durch gnadenlosen Drill, der schon im Welpenalter einsetzt, oft zu sogenannten »Killerhunden« erzogen

spiele mit den Geschwistern fehlen und auch viele Winzlinge, deren Besitzer sie schon beim kleinsten Gerangel hochnehmen, um sie zu beschützen, überschätzen sich manchmal maßlos und gehen ungehemmt auf viel größere und stärkere Hunde los. Der Gegner, der die »Spielregeln« kennt, wird dann auf die Demutsgebärde warten und, weil die nicht kommt, schließlich zubeißen.

Besitzer, die ihre Hunde ermuntern, sich in Raufereien zu stürzen, und die sie loben, wenn sie aus einem Gerangel als Sieger hervorgegangen sind, verstärken damit die Aggressionsbereitschaft der Hunde über das »Hundemaß« hinaus. Solche »Beißer« sind überall gefürchtet, nicht nur von anderen Hundebesitzern, sondern auch von den anderen Hunden, die sich ihrerseits nicht mehr auf die vertrauten, erlernten Spielregeln verlassen können.

Ein extremes Beispiel dafür sind die sogenannten »Killerhunde«, die von gewissenlosen Menschen zu hemmungslosen Tötungsmaschinen erzogen werden. Besonders beliebt sind dabei die Bullterrier oder auch die Mastinos. Die Hunde beider Rassen sind eigentlich nette, verträgliche Tiere, die erst aufgrund eines gnadenlosen Drills, der schon im zarten Welpenalter einsetzt, so verformt werden, daß sie zum Schluß bedingungslos alles angreifen, was sich bewegt, und in der Regel auch erst dann von ihrem Opfer ablassen, wenn es tot oder tödlich verletzt ist.

Glücklicherweise sind solche verformten Tiere die Ausnahme. In der Regel kommen Hunde gut miteinander aus. Das kann man am besten auf großen Hundewiesen beobachten, wo sich täglich bestimmte Gruppen zusammenfinden, wo immer dieselben Tiere miteinander spielen oder sich aus dem Weg gehen. Fällt einmal ein Mitglied aus, weil der Besitzer zum Beispiel einen anderen Weg geht, sind die anderen zunächst irritiert. Und kommt ein Neuer dazu, hat er es nicht leicht, sich eine Stellung in der gut funktionierenden Gruppe zu erobern.

Als Besitzer eines Hundes sollten Sie diese Hundesprache ebenfalls kennen und verstehen. Ich erlebe es leider immer wieder, daß angebliche Hundefreunde diese Gebärdensprache der Tiere nicht kennen oder nicht ernst nehmen. Ich habe zum Beispiel die Erfahrung gemacht, daß Hunde aggressiv reagieren, wenn man ihnen starr in die Augen schaut. Sie sollten das niemals, vor allem nicht bei einem fremden Hund, tun, denn das ist für ihn das Signal zum Angriff. Er könnte sich sonst verpflichtet fühlen, darauf zu reagieren, und das kann für Sie schmerzlich enden.

Hunde sind sehr feinfühlig, und die meisten von ihnen vertragen es gar nicht, wenn man sie auslacht. Je nach Temperament reagieren sie beleidigt oder aggressiv, aber auf jeden Fall nehmen sie eine solche Behandlung übel.

Genauso schlimm ist es, einen Hund, der durch seine Demutsgesten zeigt, daß er sich unterwirft, weiter zu beschimpfen oder zu bestrafen. Für ihn ist das absolut unverständlich, hat er Ihnen doch bereits bedeutet, daß er sich unterordnet. Umgekehrt müssen Sie eine Herausforderung, die Ihnen Ihr Hund durch seine Gesten anträgt, unbedingt annehmen. Wenn ein Hund mit gesträubtem Fell und aufgestelltem Schwanz sich einen Rang über Ihnen erobern will, schütteln Sie ihn kräftig, bis seine Körperhaltung Nachgiebigkeit demonstriert.

Versäumen Sie das, und der Machtkampf ist nach Meinung des Hundes zu seinen Gunsten ausgegangen, wird er es nicht mehr für nötig halten, Ihnen zu gehorchen, und eventuell sogar anfangen, Sie oder andere Familienmitglieder zu beißen. Das kommt besonders häufig bei sehr selbstbewußten Hunden vor, und meist wissen die ratlosen Besitzer gar nicht, daß sie selbst dem Hund unbewußt die Erlaubnis zu diesem Verhalten gegeben haben, indem sie auf seine Herausforderung nicht angemessen reagiert haben.

An der Haltung Ihres Hundes erkennen Sie auch sofort, wie er sich einem anderen Hund gegenüber fühlt. Drückt seine Körperhaltung Angst aus, zwingen Sie ihn bitte nicht, sich dem gefürchteten Gegner trotzdem zu nähern, sondern erlauben Sie ihm auszuweichen.

Sehen Sie dagegen, daß Ihr Hund alle Zeichen setzt, dem sich nähernden Rivalen seine Macht zu demonstrieren, und erkennen Sie, daß der andere Hund Angst zeigt, sollten Sie Ihrerseits als Rudelführer auftreten und dem eigenen Tier einen Angriff verweigern.

Hunde verständigen sich aber nicht nur mit ihrer Körpersprache, sie sprechen auch mit Lauten miteinander. Etwa 300 verschiedene »Dialekte«, das haben amerikanische Wissenschaftler herausgefunden, gibt es in der Hundesprache. Wer lange mit Hunden lebt, kennt bald alle Spielarten des Bellens. Wenn ich in meinem Büro sitze, kann ich an der Art des Bellens ganz genau erkennen, ob ein Fremder gekommen ist, gerade die Trainer mit ihren Tieren an den Zwingern vorbeilaufen, ob eine Katze hinten im Hof auftaucht, die Handwerker zur Arbeit erschienen sind oder ob die Hunde sich lediglich mit dem Nachbarn unterhalten wollen.

Grundvoraussetzungen für die Hundehaltung

Zukünftige Hundebesitzer müssen sich vor allem eines klarmachen: Wenn sie sich einen Hund anschaffen, gehen sie eine feste Bindung ein. Durchschnittlich 10 – 15 Jahre lang wird das neue Familienmitglied sie beanspruchen und von ihnen abhängig sein. Die Bindung zwischen Mensch und Hund ist enger als bei jedem anderen Haustier. Denn ein Hund will vor allem »bei seinem Rudel« sein, das heißt bei seinem Menschen. Wenn Sie berufstätig sind und allein leben und Ihr Hund acht Stunden und länger in der Wohnung allein bleiben müßte, sollten Sie auf die Anschaffung verzichten, wenn Sie nicht dafür sorgen können, daß eine zuverlässige Vertrauensperson jeden Tag mit Ihrem Tier spazierengeht. Daß Sie selbst dann mit dem Hund vor der Arbeit und abends noch einmal rausgehen, ist selbstverständlich. Und daß Sie sich in der Zeit, wo Sie zu Hause sind, intensiv mit dem Hund beschäftigen und ihn auch an Ihrem Leben teilnehmen lassen.

Sicher, wer einen geräumigen Garten hat, kann den Hund auch dort tagsüber zum Beispiel im Zwinger allein lassen. Aber das ist keine ideale Lösung, denn der Hund wird sich auf jeden Fall vernachlässigt fühlen, wenn er keinen direkten Familienanschluß hat. Und es kann passieren, was ich einmal erlebt habe. Ein Hund, der tagsüber im Garten allein war, hatte sich mangels einer Menschenfamilie den Kaninchen angeschlossen und sie als Gefährten gewählt. Er wollte abends nicht mehr ins Haus, sondern draußen bei seinen Freunden bleiben. Aber die Kaninchen, die ihrerseits den Hund als einen der ihren akzeptiert hatten, vermehrten sich so vehement, daß sie zur Plage wurden, und die Familie einen befreundeten Jäger um sein Eingreifen bat. Die Leute erlebten eine Überraschung! Der Hund, der genau verstand, worum es ging, verteidigte seine Gefährten und biß den Jäger

Die Entscheidung, sich einen Hund anzuschaffen, will gut überlegt sein. Wer dabei nur an schöne Spaziergänge im Sonnenschein und nicht auch an die Verantwortung denkt, ist als Hundehalter nicht besonders geeignet

in den Po. Damit war die Kaninchenvernichtungsaktion erst einmal beendet.
Aber ausreichend Zeit zur Beschäftigung mit dem Hund ist nicht die einzige Grundvoraussetzung für eine vernünftige Hundehaltung. Genauso entscheidend ist die Bereitschaft zur Konsequenz im Umgang mit dem Hund. Antiautoritäre Hundeerziehung funktioniert nicht, ja sie verstört den Hund sogar. Jeder Familienhund braucht seinen menschlichen »Leithund«, er will geführt und angeleitet werden und muß wissen, was er tun soll und was er lassen muß. Auch der intelligenteste und willigste Hund braucht eine Erziehung und die kostet eben Liebe, Zeit und manchmal Selbstüberwindung und -disziplin.
Ein Hund bringt also nicht nur Spaß, sondern auch ein erhebliches Maß an Verantwortung und Arbeit, das sollten Sie vor der Anschaffung bedenken. Wer eine unüberwindliche Abneigung gegen jede Form von Erziehung und Verantwortung hat, sollte auf die Anschaffung eines Hundes verzichten.
Hunde haben ein ausgeprägtes Zeitgefühl und gewöhnen sich schnell an bestimmte Regeln. Wenn Sie eine Zeitlang immer um 17.00 Uhr zum Spaziergang aufgebrochen sind, kann es sein, daß nach einer Weile der Hund von sich aus um diese Zeit die Leine bringt und auf seinem Spaziergang besteht. Wenn Sie das nicht wollen, vermeiden Sie von Anfang an einen festen Rhythmus.

Was erwarten Sie von Ihrem Hund?

Die Motive, sich einen Hund anzuschaffen, können ganz unterschiedlich sein. Ein Haus- und Gartenbesitzer wünscht sich vielleicht einen zuverlässigen Wächter und Beschützer der Familie und des Grundstücks, eine alleinstehende Person möchte einen treuen Gefährten, eine Familie sucht einen fröhlichen Mitspieler für die Kinder, Sportnaturen erwarten sich unter Umständen einen nie ermüdenden Begleiter bei ihren Touren.
All diese Wünsche lassen sich erfüllen. Ein Hund kann Seelenströster, Helfer, Freund, Begleiter, Wächter und Beschützer sein. Er muß nur lernen, was er sein soll und – bei sportlichen Ansprüchen – die nötigen körperlichen Voraussetzungen mitbringen.
Gerade wenn ein Hund in eine Familie mit mehreren Personen kommen soll, ist es wichtig, die Erwartungen und Wünsche an das neue Familienmitglied vorher zu klären.
Wenn sich die Kinder einen temperamentvollen, robusten Spielhund wünschen, die Mutter sich nach einem ruhigen, ausgeglichenen Begleiter für den Mittagsspaziergang sehnt, und der Vater sich einen mächtigen, scharfen Wachhund wünscht, kann das nicht gutgehen. Es ist wichtig, daß sich alle in einer Familie einig werden, was für ei-

nen Hund man sich wünscht, um Kompromisse vor seiner Anschaffung zu schließen, denn ein Hund spürt genau, wenn er von einem Familienmitglied abgelehnt wird.
Einigkeit muß auch in Bezug auf die Erziehung herrschen. Sprechen Sie vorher klar miteinander ab, was der Hund darf und was nicht. Kein Hund wird verstehen, warum er einmal Lob bekommt, wenn er einen Besucher verbellt, das nächste Mal aber für dasselbe Verhalten getadelt wird. Wenn die Kinder ein Auge zudrücken, wenn der Hund auf das Sofa springt, die Mutter aber entsetzt die Hände über dem Kopf zusammenschlägt, verwirrt das natürlich das Tier, das ja alles richtig machen will. Es ist deshalb entscheidend für ein harmonisches Zusammenleben, daß die ganze Familie sich einig ist und der Hund keine widerstreitenden Befehle erhält. Ebenso wichtig ist es auch, daß jedes Mitglied der Familie den Hund

Hunde merken genau, wenn jemand aus der Familie sie nicht akzeptiert. Welche Folgen das haben kann, zeigt die Geschichte vom Boxer Axel

Egal ob Mischling oder Rassehund – die ganze Familie sollte sich vor dem Kauf Gedanken machen, welche Erwartungen sie an das Tier hat

auch wirklich haben will, denn ein Hund spürt ganz genau, ob er akzeptiert wird oder nicht.
Boxer Axel ist so ein Beispiel. Der Rüde gehörte einem Ehepaar, das ihn stets korrekt behandelte. Er kam zu uns in Erziehung, weil er sich immer wieder danebenbenahm. Er lernte unheimlich schnell und machte im Internat keinerlei Probleme.
Auch als wir ihn zurückbrachten und ihn zu Hause beobachteten, zeigte er sich willig und beherrschte alles perfekt, was er bei uns gelernt hatte.
Doch kaum war der Ausbilder weg, machte Axel erneut Schwierigkeiten und widersetzte sich, wo er konnte. Er war anschließend noch mehrmals mit demselben Ergebnis bei uns, bevor das Ehepaar aufgab und sich schweren Herzens von ihm trennte.
Jahre später kam der ehemalige Besitzer Axels zu mir, um mir seinen neuen Hund, einen Dalmatiner, in Erziehung zu bringen. Er erzählte mir, daß seine Ehe in der Zwischenzeit geschieden sei, und rückte endlich mit dem Grund dafür heraus, warum alle unsere Bemühungen damals vergeblich waren. Seine Frau hatte den Hund nämlich immer gehaßt und verachtet. Sie behandelte ihn zwar nie schlecht, aber Axel spürte, daß sie ihn nicht mochte, und das hemmte seine Bereitschaft, sich in diese Familie einzugliedern.
Nimmt man das Zusammenleben mit dem Lebewesen Hund ernst, versteht es sich auch von selbst, daß Hunde keine Überraschungsgeschenke sind. Vielleicht hat der Beschenkte sich eine andere Rasse gewünscht oder er wollte überhaupt keinen Hund. Dann werden beide unglücklich, der beschenkte Zweibeiner und sein vierbeiniges Präsent.
Wenn aber grundsätzlich klar ist, daß alle Familienmitglieder sich auf einen Hund freuen, und auch Einigkeit darüber besteht, welche Erwartungen dieser Hund erfüllen muß, kommen Sie zur wichtigsten Entscheidung: Welche Rasse soll es werden? Oder soll es ein Mischling sein? Um Ihnen die Entscheidung leichter zu machen, stelle ich Ihnen auf den folgenden Seiten einige sehr beliebte Rassen mit ihren Vorzügen und Schwierigkeiten vor.

Die Qual der Wahl

Grundsätzliches zu Hunderassen und ihren Eigenschaften

Zwar ist jeder Hund eine Persönlichkeit mit ganz besonderen, individuellen Eigenschaften, aber natürlich spielen Körperbau und Verwendungszweck auch eine Rolle. Ein Hund, der über lange Zeit als Schutz- und Hütehund eingesetzt wurde, wie das zum Beispiel beim Schäferhund der Fall ist, wird andere Eigenschaften ausgebildet haben als etwa Windhunde, die auf Schnelligkeit gezüchtet wurden. Und da auch Mischlinge das Erbe ihrer Eltern in sich tragen, werden Sie diese Eigenschaften in unterschiedlicher Ausprägung in ihnen wiederentdecken. Wenn Sie sich also für einen Mischling entscheiden, sollten Sie sich, wenn seine Abstammung klar ist, über die Rasseeigenschaften der Eltern informieren, denn nur so können Sie sich ein Bild machen, mit welchen erwünschten und vielleicht auch unerwünschten Merkmalen Sie rechnen können.

Äußere Merkmale wie Größe und Körperkraft

Als Faustregel gilt hier: Je größer ein Hund ist, desto mehr Platz braucht er auch. Die meisten großen Hunderassen sind deshalb keine geeigneten Wohnungshunde, sondern brauchen ein Haus mit Garten. Da sind sie – schon aufgrund ihrer imponierenden Größe – gute Wächter und Beschützer. Massige Hunde wie Bernhardiner oder Sennhunde verfügen zwar über beachtliche Körperkräfte, sind aber keine Leistungssportler. Wer mit seinem Hund lange Bergwanderungen unternehmen will oder einen Begleiter fürs Joggen und Fahrradfahren sucht, sollte unter den sportlichen Vertretern wie Windhunde, Dalmatiner oder Schlittenhunde Ausschau halten. (Wenn Ihre Wahl auf einen dieser nordischen Hunde fällt, müssen Sie aber bedenken, daß Sie im Sommer vor dem Morgengrauen und lange nach Sonnenuntergang mit ihnen laufen müssen, denn Hitze setzt diesen Rassen sehr zu.)

Und noch etwas gilt es bei der Entscheidung für einen großen Hund zu bedenken! Für ein solches Tier muß der Besitzer etwas von Hundeerziehung verstehen und darf vor allem nicht zu nachgiebig oder ängstlich sein. Das birgt immer die Gefahr, daß der Hund den Rangordnungskampf in seinem Familienrudel für sich entscheidet und dann schwer bis gar nicht mehr zu regieren ist. Wer trotzdem nicht auf einen großen Hund als Wächter und Beschützer verzichten möchte, sollte ihn, wenn er selbst dazu nicht in der Lage ist, unbedingt von Fachleuten ausbilden lassen und auch selbst Unterricht nehmen.

Wenn Sie mit einem großen Hund verreisen wollen, müssen Sie auch über ein

entsprechendes Platzangebot in Ihrem Auto verfügen. Denken Sie daran, daß ein Hund fünfmal mehr Sauerstoff braucht als wir Menschen, daß also geschlossene Fenster im Auto ihn in Atemnot bringen. Ich empfehle Besitzern solcher großen Rassen aus diesem Grund unbedingt eine Klimaanlage im Wagen.
Viel unkomplizierter ist dagegen die Haltung der meisten kleineren Hunderassen wie zum Beispiel Pinscher, Mops, Französische Bulldogge und alle Spitze, die sich auch in Großstädten hervorragend in den Haushalt einpassen.
Spitze und Schnauzer sind zudem traditionelle Hof- und Kutschenwachhunde. Wenn Sie nicht unbedingt jeden Tag mit ihrem Hund größere Strecken laufen wollen oder können, sollten Sie also unter den Schnauzern oder Spitzen nach einem geeigneten Gefährten suchen. Beide tragen noch das Erbe ihrer Ahnen in sich und sind auch zufrieden, wenn sie in der Wohnung oder im Garten eine Aufgabe übernehmen können. Weil Schnauzer gleichzeitig aber sehr selbstbewußte Hunde sind, verlangen sie eine sorgfältige Erziehung.
Ungeheures Selbstbewußtsein ist auch allen Erdhunden – Dackel, Foxterrier, Scottish Terrier – angezüchtet worden. Diese Hunde sehen den Menschen als gleichberechtigten Kameraden, dem sie sich nur, wenn sie wollen, unterordnen. Vielleicht ein Grund, warum sie so beliebt sind. Sie sind eben echte Persönlichkeiten.
Wer sich für einen der vielen Terrier oder einen Pudel entscheidet, muß daran denken, daß diese Rassen geschoren beziehungsweise getrimmt werden müssen. Regelmäßiger Besuch beim Hundefriseur, der nicht billig ist, ist also Pflicht.
Auch die Zwerghunde sind liebenswerte Hausgenossen. Ob Sie sich für Yorkshire oder Cairn Terrier, Chihuahua, Malteser oder Shi-tzu entscheiden – all diese Zwerge haben den großen Vorteil, daß sie kaum Platz beanspruchen, mit kürzeren Spaziergängen zufrieden sind und es in punkto Intelligenz und vor allem Frechheit mit jedem Großen aufnehmen. Ich schätze die Kleinen, weil sie sehr lebhaft und verspielt sind und aufmerksame Schüler darstellen, die Erstaunliches zu leisten vermögen.

Verwendungszweck

Auch wenn Sie Ihren Hund nur zum Schmusen und Liebhaben angeschafft haben, Sie werden bald merken, daß die wenigsten Hunde allein damit glücklich sind, außer vielleicht so spezielle Schoßhundrassen wie die Malteser. Natürlich müssen Sie sich keine Schafherde anschaffen, wenn Sie einen Schäferhund haben, aber dafür sorgen, daß Ihr Hund eine Aufgabe hat, sollten Sie schon. Für solche ausgesprochenen Gebrauchshunderassen, zu denen auch Dobermann, Rottweiler oder Hovawart zählen, ist eine konsequente und fordernde Erziehung sehr wichtig. Sie sollten überlegen, ob Sie nicht einem Hundesportverein oder, wenn Ihnen das nicht liegt, einer Organisation, die Hunde zum Rettungsdienst ausbildet, beitreten.

Auf Hochleistungen gezüchtete Rassen wie die nordischen Schlittenhunde brauchen viel Auslauf und regelmäßiges Training, um körperlich und seelisch gesund zu bleiben

Auch so ausgesprochen auf Höchstleistung gezüchtete Rassen wie Wind- und Schlittenhunde brauchen einer ihrer Veranlagung entsprechende Aufgabe, wo sie ihren Bewegungsdrang ausleben können. Hier bieten sich Renn- oder Schlittensportvereine an.

Denken Sie nicht, daß Sie Ihrem Hund allein mit Liebe ein artgerechtes Leben ersetzen können. Die Folge wird ein träger, lustloser und gelangweilter Hund sein, an dem Sie nur halb soviel Freude haben werden wie an einem Tier, der seine Intelligenz und Persönlichkeit an einer ihm gemäßen Aufgabe schulen kann. Holen Sie sich im Zweifelsfall Rat beim Fachmann.

Ein Kapitel für sich sind Jagdhunde, zu deren beliebtesten Vertretern Beagles, Setter und Münsterländer gehören. Alle Jagdhundrassen sind passionierte Jäger und phantastische Fährtensucher, mit denen die Jagdleidenschaft schnell durchgehen kann. Einmal die Nase auf einer aufregenden Spur, rasen sie im Zickzack durchs Unterholz und sind plötzlich taub und blind für alles andere. Hier hilft nur eine konsequente Erziehung von Anfang an, oder Sie riskieren bei jedem Spaziergang, daß Ihr Hund wegen Wilderei erschossen wird. Bei Jagdhunden, die in der Familie leben, darf der Jagdtrieb von Jugend an nicht gefördert werden. Schon als Junghund muß er lernen, keine Katzen, Hühner, Radfahrer oder ähnliches zu jagen. Und im Wald hilft alles nichts, da muß der Hund bei Fuß oder an der Leine laufen,

Beagles sind unkomplizierte Hunde, die allerdings wie alle Jagdhunde zum Wildern neigen. Hier hilft nur eine von Anfang an konsequente Erziehung

damit er kein Wild aufstöbern kann. Abgesehen davon, daß Sie als Natur- und Tierfreund sicher nicht dulden wollen, daß Ihr Hund unsere sowieso schon bedrohte Tierwelt gefährdet. Denn, auch wenn er den Hasen nur aufspürt und nicht reißt, die so notwendige Ruhe und Rückzugsmöglichkeit für das wilde Tier ist damit nachhaltig gestört.

Die auf den nächsten Seiten vorgestellten Rassen sind nur ein kleiner Querschnitt durch alle Hunderassen. Auswahlkriterium war die Eignung als Familienhund sowie die allgemeine Verbreitung und Bekanntheit einer Rasse. Zusätzlich haben wir noch eine Unterteilung nach den optimalen Haltungsbedingungen vorgenommen. Innerhalb dieser beiden Unterkapitel erscheinen die Rassen in alphabetischer Reihenfolge. Aus Platzgründen konnten wir immer nur ein paar Stichworte aufnehmen, wer mehr und detaillierte Informationen zu den einzelnen Rassen haben möchte, sollte sich spezielle Literatur besorgen oder sich mit den jeweiligen Zuchtverbänden in Verbindung setzen. Die Adressen erfahren Sie zum Beispiel beim:

Verband für das Deutsche Hundewesen e.V. (VDH)
Postfach 10 41 54
44041 Dortmund

0231 / 565000

Rassen, die viel Platz und ein Haus mit Garten brauchen

Afghanischer Windhund

Diese stolzen, eleganten Hunde mit dem langen, seidigen Haar gibt es in den Farben Schwarz, Weiß, Grau und Sandgelb bis Rostrot. Rüden erreichen eine Schulterhöhe von 65 bis 75 cm, weibliche Tiere werden etwa 62 bis 68 cm groß.

Afghanen bestechen durch ihre elegante Erscheinung, die Anmut ihrer Bewegungen und das dichte seidige Fell

Vorzüge: Eleganter, repräsentativer Hund mit schönen Bewegungen; sensibel, intelligent und lernfähig; bei richtiger Erziehung vorzüglicher Beschützer von Haus und Garten; bellt selten.
Nachteile: Afghanen verlangen täglich intensive Haarpflege, da das Fell sonst verfilzt.
Was er braucht: Viel Geduld und Einfühlungsvermögen bei der Erziehung, verträgt keinen Drill oder Unterwerfungsdressur, braucht aber bei aller Toleranz Konsequenz; tägliche ausgedehnte Spaziergänge mit der Möglichkeit zu freiem Auslauf; gut geeignet als Begleiter beim Fahrradfahren; kann auch bei Hunderennen eingesetzt werden.

Berner Sennhund

Diese massigen Hunde können bis zu 40 kg schwer werden, und die Rüden erreichen eine Schulterhöhe von 58 bis 70 cm. Das langhaarige Fell ist leicht gewellt, schwarz mit leuchtend rostroten Abzeichen und weißen Flecken.
(Foto siehe Seite 26)

Vorzüge: Ruhiger, robuster Hund, der besonders mit Kindern sehr geduldig ist; bei richtiger Erziehung ein zuverlässiger und imposanter Beschützer von Haus und Familie; kann ohne Schwierigkeiten in einem Zwinger gehalten werden.
Nachteile: Regelmäßige Fellpflege (Bürsten) unbedingt erforderlich.
Was er braucht: Platz und Bewegungsfreiheit; Haus mit Garten; täglich wenigstens eine Stunde Spaziergang, aber kein Jogging oder Fahrradfahren, dafür ist er zu massig; regelmäßige Ohrenpflege.
Bemerkungen: Durch die verstärkte Zucht auf Schönheit sind die beschriebenen guten Charaktereigenschaften teilweise verlorengegangen.

Bernhardiner

Diese großen, schweren Hunde (bis zu 75 kg) erreichen eine Schulterhöhe, die bei Rüden nicht unter 70 cm, bei Hündinnen nicht unter 65 cm liegt. Es gibt sie in den Farben Weiß mit roten Abzeichen oder Rot mit weißen Abzeichen, oft mit schwarzer Maske und regelmäßiger Blässe. Das Fell kann lang-, stock- oder kurzhaarig sein.

Vorzüge: Ruhiger, gemütlicher, ausgeglichener Hund; sehr kinderfreundlich; guter Beschützer für Haus und Familie.

Die großen, massigen Bernhardiner sind meist besonders freundlich

Nachteile: Besonders bis er ausgewachsen ist (etwa mit drei Jahren), erhebliche Futterkosten; seibert öfter.
Was er braucht: Platz und Bewegungsfreiheit; Haus mit Garten; im Sommer einen kühlen, schattigen Platz; regelmäßige Ohr- und Haarpflege; ausreichend Bewegung, aber kein Joggen oder Radfahren.
Bemerkungen: Manche Bernhardiner können sehr scharf werden.

Bobtail

Das auffälligste Merkmal dieser Rasse ist das überreichliche, lange, zottelige Fell. Bobtails gibt es in allen Blau- und Grauschattierungen und in diesen Farben auch meliert oder marmoriert. Häufig haben sie zusätzlich noch weiße Abzeichen. Die Rüden dieser Rasse erreichen eine Schulterhöhe von bis zu 65 cm, die Hündinnen werden etwa 60 cm groß.
(Foto siehe Seite 15)

Vorzüge: Sehr intelligenter und gelehriger Hund, der zudem noch gutmütig und folgsam ist; diese Rasse ist besonders kinderfreundlich, aber eignet sich auch gut als Wächter und Beschützer.
Nachteile: Das zottelige Fell braucht täglich intensive Haarpflege, da es sonst leicht verfilzt; der Hund bringt mit seinem Fell viel Schmutz in die Wohnung.
Was er braucht: Viel Platz und ein Haus mit Garten; auf jeden Fall Familienanschluß; regelmäßige Fell- und Ohrenpflege; ausgedehnte Spaziergänge bei jedem Wetter.

Die lebhaften und gelehrigen Collies waren ursprünglich Hütehunde und sind deshalb besonders gute Wächter und Beschützer ihrer »Familienherde«

Collie

In ihrer Heimat Schottland sind Collies Hirtenhunde. Sie haben sehr dichtes, meist langhaariges Fell in den Farben Weiß mit Braun, Gelb oder Blau. Rüden werden 56 bis 61 cm groß, Hündinnen 51 bis 56 cm.

Vorzüge: Lebhafter, aufmerksamer, temperamentvoller und gelehriger Hund; sehr kinderfreundlich; guter Wächter und Beschützer, der am liebsten seine Herde (Familie) immer zusammen hat.
Nachteile: Aufwendige und zeitraubende Fellpflege; haart stark.
Was er braucht: Konsequente, aber einfühlsame Erziehung; viel Zuwendung und Beschäftigung, am besten eine Auf-

gabe; täglich ausreichend Bewegung auch – in Maßen – neben dem Fahrrad oder als Mitläufer beim Joggen; Platz und Bewegungsfreiheit im Garten.
Bemerkungen: Durch die heutige Zucht auf Schönheit haben nicht mehr alle Collies die beschriebenen guten Eigenschaften, weshalb man nur bei bewährten Züchtern kaufen sollte.

Dalmatiner

Diese auffallend gezeichneten Hunde werden bis zu 60 cm groß. Auf dem kurzen, reinweißen Fell zeigen sie schwarze oder braune Flecken.

Vorzüge: Auffallend gezeichneter, sensibler und lernwilliger Hund, der viel Zuwendung braucht; sehr kinderfreundlich; wachsam und guter Beschützer, braucht wenig Pflege.
Nachteile: Sehr lebhaft; verkümmert, wenn er nicht ausreichend Liebe und Beachtung findet oder sich langweilt.
Was er braucht: Viel Bewegung; ideal als Begleiter beim Reiten, Fahrradfahren, Wandern oder Joggen; Haus mit Garten; liebevolle und einfühlsame Erziehung.
Bemerkungen: Um sicherzugehen, wirklich gesunde Welpen ohne Erbschäden zu bekommen, sollten Sie nur bei anerkannten Züchtern kaufen.

Die auffällig gezeichneten Dalmatiner sind ideale Begleiter für Reiter und Radfahrer

Deutsche Dogge

Die Rüden dieser Rasse erreichen mindestens eine Schulterhöhe von 80 cm, die Hündinnen immerhin noch mindestens 77 cm. Das kurzhaarige Fell zeigt die Farben Gelb, Schwarz, Blau oder ist gestromt oder gefleckt.

Vorzüge: Trotz seiner eindrucksvollen Größe ein gutmütiger, freundlicher Hund; sehr kinderfreundlich; wachsam und guter Beschützer, aber nicht aggressiv; braucht wenig Fellpflege.
Nachteile: Nur etwas für Hundehalter, die etwas von Hundeerziehung verstehen; schlecht erzogen können Doggen scharf und sehr gefährlich werden; hohe Futterkosten.
Was er braucht: Konsequente, aber liebevolle Erziehung (keine Unterwerfungsdressur); viel Auslauf und Bewegung; Haus mit Garten.

Allein aufgrund ihrer imponierenden Größe sind Deutsche Doggen respekteinflößende Wächter und Beschützer

Deutscher Schäferhund

Die Rüden dieser weltweit wohl bekanntesten Hunderassen erreichen eine Schulterhöhe von 60 bis 65 cm, die Hündinnen werden 55 bis 60 cm groß. Das Fell der meisten Schäferhunde ist stockhaarig, aber es gibt auch rauh- und langhaarige Rassen, seitdem der altdeutsche Schäferhund wieder gezüchtet wird. Die Farben variieren von Grau über Braun zu Schwarz. Vielfach sieht man auch zweifarbige Schäferhunde.
(Foto siehe Seite 61)

Vorzüge: Sehr intelligenter, lernbegieriger Hund, der sich, richtig ausgebildet, hervorragend als Wächter und Beschützer eignet; ordnet sich gern und gut in die Familie ein und ist im allgemeinen sehr kinderfreundlich; kann wegen seines dichten Fells auch gut im Zwinger gehalten werden.
Nachteile: Kann bei falscher oder lascher Erziehung sehr gefährlich werden.
Was er braucht: Regelmäßige ausreichende Bewegung; Haus mit Garten; eine sehr gute und konsequente Erziehung sowie eine Aufgabe oder regelmäßiges Training.
Bemerkungen: Schäferhunde sollte man nur bei anerkannten Züchtern kaufen, um sicherzustellen, daß man keine Tiere mit Erbfehlern oder charakterlichen Mängeln erwirbt.

Dobermann

Die Rüden dieser Schutzhunderasse erreichen eine Schulterhöhe von bis zu 70 cm, die Hündinnen werden 58 bis 65 cm groß. Das kurzhaarige Fell ist schwarz, braun oder blau mit rostroten, scharf abgegrenzten Abzeichen.

Vorzüge: Temperamentvoller, mutiger Hund, der seine Familie hervorragend beschützt und verteidigt; sehr kinderfreundlich; benötigt wenig Fellpflege.
Nachteile: Bei ungenügendem Auslauf und zu wenig Beschäftigung kaum zu bändigen; können aggressiv werden; bei ungerechter Behandlung auch sehr nachtragend.

Dobermänner sind richtige Energiebündel, die eigentlich unbedingt eine Aufgabe brauchen, um ausgelastet zu sein

Was er braucht: Konsequente und trotzdem einfühlsame Erziehung; eine Aufgabe; starke Einbindung in die Familie; sehr viel Auslauf und Bewegung; Haus mit Garten.

Hovawart

Der Hovawart gehört zu den großen, lebhaften Hunderassen, die unbedingt ein Haus mit Garten brauchen. Die Rüden erreichen eine Schulterhöhe von 60 bis 70 cm und ein Gewicht von 40 kg, die Hündinnen werden lediglich 55 bis 65 cm groß und 36 kg schwer. Das langhaarige Fell ist schwarz oder dunkelblond, weiße Abzeichen sind erlaubt.

Vorzüge: Ausgezeichneter Wächter und Beschützer von Haus und Familie; kraftvoller, gesunder Hund, der bei jedem Wetter draußen sein kann; richtig erzogen, sehr kinderfreundlich.
Nachteile: Bei inkonsequenter oder lascher Erziehung kaum zu bändigen; nichts für unerfahrene Hundebesitzer.
Was er braucht: Konsequente Erziehung und eine feste Hand; ausreichend Bewegung und Beschäftigung.
Bemerkungen: Da der Hovawart als Rasse erst seit 70 Jahren gezüchtet wird, sind die Zuchtbestimmungen leider noch nicht einheitlich, so daß die Rasse von mehreren Zuchtverbänden unterschiedlich gezüchtet wird.

Der Hovawart ist eine recht junge Rasse

Irischer Setter

Das langhaarige, seidige Fell der Irischen Setter, die viel Bewegung brauchen, zeigt eine wunderschöne, mahagonirote Färbung

Das langhaarige, seidige Fell der Irischen Setter zeigt ein goldenglänzendes Mahagonirot. Die Rüden dieser Rasse werden 56 bis 64 cm groß, die Hündinnen 54 bis 62 cm.

Vorzüge: Lebhafter, fröhlicher und selbstbewußter Hund mit großem Freiheitsdrang und gütigem Ausdruck; bei entsprechender Ausbildung vielseitig einsetzbarer Jagdhund; besonders mit Kindern freundlich, gutmütig und sehr geduldig.
Nachteile: Setter sind nicht immer einfach zu erziehen, da sehr selbstbewußt und freiheitsliebend; wenn man sich nicht ausreichend um sie kümmert, neigen sie zum Streunen und Wildern; haaren ziemlich.
Was er braucht: Ein Haus mit Garten und täglich viel Bewegung; gut geeignet für Jäger, Jogger und Radfahrer; tägliche Fell- und Ohrenpflege.

Neufundländer

Die Rüden dieser.Rasse werden bis zu 75 cm hoch und bis zu 60 kg schwer. Die Hündinnen erreichen immerhin noch eine Schulterhöhe von 66 bis 71 cm und können bis zu 50 kg schwer werden. Das lange, glatte Fell ist entweder schwarz oder braun.
(Foto siehe Seite 23)

Vorzüge: Trotz seiner Größe und Kraft ein sehr gutmütiger und besonders mit Kindern sehr geduldiger Hund; imposanter Begleiter und guter Wächter und Beschützer für Haus und Familie.
Nachteile: Benötigt viel Fellpflege; hohe Futterkosten; sollte nicht nur im Haus gehalten werden.
Was er braucht: Regelmäßige Haar- und Ohrpflege; ein Haus mit Garten und am besten einen Zwinger, da Neufundländer, die in der Wohnung gehalten werden, ihre Unterwolle verlieren und sehr haaren; ausreichend Auslauf und Bewegung, am besten mit Schwimmöglichkeiten, denn Neufundländer sind ausgesprochene »Wasserratten«.
Bemerkungen: Durch falsche Zuchtauswahl werden Neufundländer inzwischen teilweise zu temperamentvoll gezüchtet.

Riesenschnauzer

Die drahthaarigen Riesenschnauzer, die es in den Farben Schwarz und »Pfeffer und Salz« gibt, erreichen eine Schulterhöhe von 60 bis 70 cm (Rüden).

Schnauzer sind ideale Familienhunde, die außer regelmäßigem Trimmen wenig Pflege brauchen

Vorzüge: Aufmerksamer und zuverlässiger Wächter und Beschützer; besonders mit Kindern freundlich und geduldig; anhänglich und treu; haart bei richtiger Fellpflege so gut wie gar nicht.
Nachteile: Selbstbewußt und eigenwillig, nicht immer leicht zu erziehen; regelmäßige Fellpflege nötig (zwei- bis dreimal im Jahr Hundefriseur).
Was er braucht: Viel Auslauf und Bewegung; Haus mit Garten; fühlt sich am wohlsten, wenn er etwas bewachen kann; gut geeignet als Begleiter beim Joggen und in Maßen beim Radfahren.

Sibirian Husky

Die Rüden dieser Schlittenhunderasse erreichen eine Schulterhöhe von bis zu 60 cm, die Hündinnen werden immerhin noch bis zu 56 cm groß. Das sehr

dichte, weiche und wollige Fell ist ein guter Witterungsschutz und erlaubt den Hunden, auch im Winter draußen zu übernachten. Huskys gibt es in Grau, Sandfarben oder Schwarz, und besonders schön sind die Zeichnungen von Masken und Brillen im Gesicht.
(Foto siehe Seite 36)

Vorzüge: Sehr freundlicher und liebevoller Hund, der aber trotzdem mutig und folgsam ist; besonders mit Kindern sehr geduldig und freundlich.
Nachteile: Huskys sind sehr freiheitsliebend und laufen, wenn man sich nicht ausreichend mit ihnen beschäftigt oder ihnen die Möglichkeit dazu gibt, weg.
Was er braucht: Vor allen Dingen viel Bewegung im Freien bei jedem Wetter; gut geeignet für Schlittensport, aber auch für das Mitlaufen am Fahrrad oder beim Joggen; braucht unbedingt eine feste Hand und eine Leitfigur, der er sich unterordnen kann.

Tibet-Mastiff

Die Rüden dieser in Deutschland noch sehr jungen Rasse erreichen eine Schulterhöhe von bis zu 69 cm, die Hündinnen werden immerhin noch 61 cm hoch. Das langhaarige Fell hat eine dichte Unterwolle. Tibet Mastiffs kommen in den Farben Schwarz, Gold, Schwarz mit braunen Abzeichen und Blau mit gelben Abzeichen vor.

Vorzüge: Ein sehr freiheitsliebender und eigenwilliger Hund, der sich noch viele seiner Urinstinkte bewahrt hat; die Hündinnen werden nur einmal im Jahr läufig
Nachteile: Keine perfekte »Haushunderasse«; Besitzer sollte Individualist mit viel Einfühlungsvermögen sein.
Was er braucht: Unbedingt ein Haus mit Garten; viel Zuneigung und Verständnis für seine Art; eine zurückhaltende und trotzdem liebevoll konsequente Erziehung; nicht geeignet für Drill und Unterwerfungserziehung, da er daran seelisch kaputtgeht.

Tibet-Mastiff

Rassen, die auch in einer Etagenwohnung gehalten werden können

Basset

Bei dieser kurzbeinigen Rasse erreichen die Rüden eine Schulterhöhe von bis zu 40 cm, die Hündinnen von etwa 33 cm. Das kurzhaarige Fell ist braun mit weißen Abzeichen oder schwarz mit weißen Abzeichen, aber auch alle anderen Farbtöne, wie sie Foxhunde zeigen, sind erlaubt.

Vorzüge: Gemütlicher, liebenswerter Haushund, der sehr gut in der Wohnung zu halten ist; trotz seines melancholischen Gesichtsausdrucks ganz fröhlich; hat es oft faustdick hinter den Ohren.

Nachteile: Da er immer Appetit hat, muß man ihn sehr bewußt ernähren, damit er nicht zu dick wird; aufgrund seiner Länge fällt ihm das Treppensteigen schwer (nichts für Etagenwohnung ohne Fahrstuhl).
Was er braucht: Gute, sorgfältige Pflege der Ohren, da sich sonst leicht Milben oder Bakterien in den Gehörgängen festsetzen; liebevolle, intensive Betreuung, denn er ist nicht gern allein; Geduld und Festigkeit bei seiner Erziehung, denn er kann sehr eigenwillig sein; regelmäßige, aber mäßige Bewegung.

Bassets zeigen zwar einen melancholischen Gesichtsausdruck, sind aber lustige, immer zu Streichen aufgelegte Gesellen

Beagle

Die Schulterhöhe der Rüden dieser kurzhaarigen Jagd- und Meutehunde beträgt 40 cm, Hündinnen werden etwa 30 cm groß. Das Fell ist meist braun, schwarz oder weiß oder zeigt eine Mischung dieser drei Farben.
(Foto siehe Seite 3 oben links)

Vorzüge: Hat praktisch immer gute Laune; idealer, stets williger Spielgefährte besonders für Kinder; liebebedürftiger, anschmiegsamer Hund, der sehr abenteuerlustig sein kann.
Nachteile: Als Meutehund hat er immer Angst, zu kurz zu kommen; das Futter muß deshalb gut eingeteilt werden; neigt zum Streunen.

Bordeaux-Doggen sind ausgesprochen gutmütig und kinderfreundlich

Was er braucht: Viel Zuneigung und Aufmerksamkeit; mag nicht allein gelassen werden; braucht täglich mindestens eine Stunde, besser längeren, Auslauf; gut geeignet für Jogger, Radfahrer und Wanderer.

Bordeaux-Dogge

Die Rüden dieser Rasse erreichen eine eindrucksvolle Schulterhöhe von 58 bis 68 cm, die Hündinnen werden immerhin noch 50 cm groß. Das kurzhaarige, leicht zu pflegende Fell zeigt ein Mahagonirot in allen Schattierungen. Oft haben die Hunde auch eine dunkle Maske.

Vorzüge: Kraftvoller, sehr gutmütiger und ausgesprochen kinderfreundlicher Hund, den so schnell nichts aus der Ruhe bringt; im Ernstfall ein guter Beschützer; hat kein ausgeprägtes Bewegungsbedürfnis und kann deshalb gut in einer ausreichend großen Wohnung gehalten werden.
Nachteile: Seibert sehr stark, was aber durch einen kleinen operativen Eingriff heute behoben werden kann; seine Erziehung ist nicht immer ganz einfach, Besitzer sollte Hundeerfahrung haben.
Was er braucht: Am besten aufgehoben ist er in einem Haus mit Garten, kann aber auch problemlos in einer großen Stadtwohnung gehalten werden; regelmäßige, aber nicht zu exzessive Spaziergänge.

Cockerspaniel

Cockerspaniels gibt es unter anderem in den Farben Braun, Schwarz, Rot bis Golden, dreifarbig, gescheckt und verschiedene andere Schimmeltöne. Cockerspaniels erreichen eine Schulterhöhe von etwa 40 cm und sollten ein Gewicht von 15 kg nicht überschreiten.

Vorzüge: Sehr sensibler und anhänglicher Hund; draußen temperamentvoll, aber in der Wohnung ruhig; geeignet für die Ausbildung zur Schnepfenjagd; aber auch als Haus- und Begleithund sehr beliebt.
Nachteile: Neigt zum Dickwerden; braucht regelmäßige Fell- und Ohrenpflege; neigt als Jagdhund zum Wildern.
Was er braucht: Viel Auslauf und Bewegung bei ausgedehnten Spaziergängen; sorgfältige Haar- und Ohrenpflege.

Cockerspaniel mit einer aparten Schimmelfärbung

Bemerkungen: Durch Zuchtfehler gibt es besonders bei Roten Cockerspaniels teilweise von Geburt an bösartige Hunde (Cockerwut), deshalb am besten keine Roten Cockerspanielrüden kaufen.

Dackel

Dackel gibt es als Rauhhaar-, Langhaar- und Kurzhaardackel. Die Rüden erreichen eine Schulterhöhe von 23 bis 28 cm, die Hündinnen werden 20 bis 24 cm groß. Je nach Rasse ist das Fell lang- oder kurzhaarig. Es gibt einfarbige Dackel in Schwarz, Rot, Gelbrot, Braun und Saufarben und zweifarbige Dackel mit Schwarz oder Braun mit verschiedenfarbigen Abzeichen. Rauhhaardackel sind meist saufarbig und sollten keine weißen Abzeichen haben.

Vorzüge: Liebenswerter, aber selbstbewußter und eigensinniger Hund; sieht den Menschen eher als gleichberechtigten Kameraden; verträgt sich gut mit Kindern.
Nachteile: Besonders Rauhhaardackel können sehr scharf werden; alle Dackel sind nicht einfach zu erziehen; eignen sich nicht fürs Treppensteigen, denn dadurch leidet ihr langer Rücken, was zu der gefürchteten Dackellähmung führen kann.
Was er braucht: Problemloser, pflegeleichter Hund; auf saubere Ohren muß regelmäßig geachtet werden; Langhaardackel benötigen zusätzlich tägliche Fellpflege; bei reichlich Auslauf auch mit einer kleinen Wohnung zufrieden.

Egal ob Lang-, Kurz- oder – wie hier – Rauhhaardackel, die eigenwilligen Vierbeiner gehören zu den beliebtesten Hunderassen

Deutscher Boxer

Die Rüden dieser Rasse erreichen eine Schulterhöhe von 57 bis 63 cm und werden etwa 30 kg schwer, die Hündinnen werden 53 bis 59 cm groß. Das kurzhaarige Fell zeigt die Farben Gelb, Hirschrot oder gestromt mit eventuellen weißen Abzeichen.
(Foto siehe Seite 31)

Vorzüge: Gemütlicher, häuslicher, äußerst kinderlieber Hund, der sich besonders von Kleinkindern alles gefallen läßt; guter Wächter und Beschützer; intelligent und gelehrig.
Nachteile: Seibert oft sehr viel.
Was er braucht: Boxer lieben die Wärme und nicht übermäßig viel Bewegung; nicht geeignet für Jogger oder Fahrradfahrer.
Bemerkungen: Durch die zunehmende Zucht für den Hundesport haben manche Boxer ihre guten Eigenschaften inzwischen leider verloren.

Foxterrier

Foxterrier erreichen eine Schulterhöhe von etwa 40 cm bei einem Gewicht von etwa 8 kg. Es gibt Glatthaar- und Drahthaar-Foxterrier. Die Farben sind Weiß mit schwarzen oder braunen Abzeichen.
(Foto siehe Seite 2)

Vorzüge: Lebhafter, robuster, draufgängerischer und immer fröhlicher Hund, der selten etwas übelnimmt; verspielt und ausgesprochen kinderfreundlich; sehr wachsam und mutig; wenn Foxterrier vorschriftsmäßig getrimmt werden, haaren sie so gut wie gar nicht.
Nachteile: Rauflustig gegenüber anderen Hunden; kann bei stark ausgeprägtem jagdlichen Trieb sehr scharf werden; muß zwei- bis dreimal im Jahr getrimmt werden; absolut konsequente Erziehung nötig, sonst bestimmt er, was im Rudel passiert.
Was er braucht: Sehr viel Bewegung durch täglich nicht zu knapp bemessene Spaziergänge; regelmäßiges Trimmen.
Bemerkungen: Bei Überzüchtung zeigt der Foxterrier nicht mehr die beschriebenen Eigenschaften.

Französische Bulldogge

Die Rüden dieser kurzbeinigen Rasse werden zwischen 30 und 35 cm groß, das Gewicht schwankt entsprechend

Französische Bulldoggen gibt es mit weißem, schwarzem und rötlichem Fell sowie gestromt und gescheckt

zwischen 8 und 14 kg. Das dichte, kurze Fell ist entweder reinweiß, schwarz oder rötlich. Auch Schecken und gestromte Varianten kommen vor.

Vorzüge: Lustiger, unterhaltsamer, liebenswerter Haushund, der immer zu Streichen aufgelegt ist; muß mit Liebe erzogen werden; ist aber nicht sonderlich bereit zur Unterordnung, ausdrucksreiche Mimik.
Nachteile: Mit acht Jahren durchschnittlicher Lebenserwartung relativ kurzlebig.
Was er braucht: Unbedingt engen Familienanschluß; möchte überall hin mitgenommen werden; liebt Spaziergänge, kommt aber auch mit wenig Bewegung aus.

Kleiner Münsterländer

Die Rüden dieser Rasse werden zwischen 48 und 56 cm groß, die Hündinnen zwischen 44 und 52 cm. Das langhaarige Fell ist weiß mit braunen Flekken oder braun-weiß durchmischt.
(Foto siehe Seite 112)

Vorzüge: Lebhafter und intelligenter Hund, der bei geeigneter Ausbildung auch als Jagdhund verwendet werden kann; bei genügendem Auslauf und ausreichender Beschäftigung aber auch gut in einer großen Wohnung zu halten.
Nachteile: Wegen seiner ausgeprägten Jagdleidenschaft muß er gut erzogen sein, sonst neigt er zum Streunen und Wildern.
Was er braucht: Regelmäßige Fellpflege; viel Bewegung und Beschäftigung; kann zwar auch in einer Etagenwohnung gehalten werden, aber fühlt sich in einem Haus mit Garten doch wohler.

Mastino Napolitano

Die Rüden dieser kräftigen, massigen Rasse erreichen eine Schulterhöhe von 65 bis 75 cm und können bis zu 70 kg schwer werden. Die Hündinnen sind nur unwesentlich kleiner und leichter. Das kurzhaarige, seidigglänzende Fell zeigt meist Grautöne in allen Schattierungen. Oft ist es auch noch schwarz gestromt.

Vorzüge: Aufgrund seiner Größe und imposanten Statur ein Hund, der viel Respekt einflößt; richtig erzogen, ein ruhiger und gemütlicher Hund; nicht aggressiv, verteidigt aber, wenn es Not tut, seine Familie energisch und sehr effektiv; mit Kindern, mit denen er aufgewachsen ist, sehr geduldig und liebevoll.
Nachteile: Braucht eine konsequente und dabei liebevolle Erziehung; nichts für den Hundesportplatz; scharf gemachte Mastinos können lebensgefährlich sein.
Was er braucht: Viel Zuneigung und eine starke Bindung an seine Familie oder eine Einzelperson; regelmäßige, aber mäßige Bewegung; nichts für Radfahrer oder Jogger.
Bemerkungen: Mastinos werden teilweise nicht mehr typisch gezüchtet und sind dann als Familienhunde nicht mehr geeignet.

Mastinos sind trotz ihrer imposanten Größe eigentlich gutmütige, friedfertige Tiere, die aber leider oft zu regelrechten Kampfmaschinen erzogen werden

Leider fast aus der Mode gekommen ist der liebenswerte Mops, der gerade für eine Stadtwohnung ideal geeignet ist

Mops

Die Rüden dieser stämmigen und gedrungenen Rasse erreichen eine Schulterhöhe von 25 bis 32 cm und können bis zu 8 kg schwer werden. Die Behaarung ist kurz, dicht und weich. Das Fell zeigt die Farben Silbergrau oder Gelbbraun bis Weißgelb, oft ist auch eine schwarze Maske oder ein schwarzer Aalstrich auf dem Rücken zu sehen.

Vorzüge: Heiterer, ruhiger Hund, der sich auch in einer kleinen Wohnung mit wenig Auslauf wohl fühlt; guter Spielkamerad für Kinder.
Nachteile: Bei zu reichlicher Fütterung neigt er zum Dickwerden.
Was er braucht: Viel liebevolle Zuwendung; regelmäßige, aber gemäßigte Bewegung, denn er verträgt keine Strapazen; nichts für Jogger, Radfahrer oder Bergsteiger.

Pekinese

Die Vertreter dieser kleinen Hunderassen erreichen eine Schulterhöhe von 15 bis 25 cm und werden zwischen 2 und 8 kg schwer. Das üppige, langhaarige Fell zeigt alle Schattierungen von Weiß über Grau bis Schwarz und von Beige bis zu Rot.

Vorzüge: Ruhiger, gemütlicher Wohnungshund; wachsam; sehr anhänglich und liebebedürftig; hat noch heute etwas von seiner Würde als kaiserlicher Palasthund (in Peking) bewahrt.

Nachteile: Neigt oft zur Eifersucht; braucht tägliche intensive Fellpflege; Augen sind gelegentlich empfindlich.
Was er braucht: Respektvolle und liebevolle Behandlung; regelmäßige, aber mäßige Bewegung; tägliche Fellpflege.

Pinscher

Die Rüden der wenig bekannten Pinscher oder Deutschen Pinscher erreichen eine Schulterhöhe von maximal 48 cm und werden bis zu 16 kg schwer. Die Hündinnen sind etwas kleiner und leichter. Das Fell ist kurz und dicht und entweder einfarbig braun in verschiedenen Tönen oder zweifarbig schwarz mit rotem Band beziehungsweise braunen Abzeichen.

Pekinesen haben ein wunderschönes, seidenweiches Fell, das allerdings viel Pflege braucht

Vorzüge: Gutartiger und spiellustiger Hund; wachsam, aber kein Kläffer; sehr gelehrig und anhänglich; gut in einer Wohnung zu halten; Pinscher sind auch gute Schutzhunde.
Nachteile: Meines Wissens keine.
Was er braucht: Täglich ausreichend Bewegung; liebevolle Zuwendung.

Pudel

Pudel gibt es in verschiedenen Größen. Großpudel werden bis zu 55 cm groß, Mittelpudel bis zu 45 und Zwergpudel bis zu 35 cm. Das lockige Fell zeigt die Farben Schwarz, Weiß, Silbergrau, Braun und Apricot. Die kleinen Toy-Pudel gibt es auch zweifarbig.

Vorzüge: Fröhlicher Spaßvogel; intelligent und lernwillig; anhänglich und kontaktfreudig; spielt gern und ausdauernd auch mit Kindern; haart kaum.
Nachteile: Braucht täglich gründliche Fellpflege, muß alle sechs bis acht Wochen zum Friseur.
Was er braucht: Unbedingt Familienanschluß; viel Aufmerksamkeit und Zuwendung; Spiel und Beschäftigung; Ohren- und Fellpflege; täglich reichlich Auslauf.
Bemerkungen: Manche sehr klein gezüchteten Zwergpudel zeigen nicht mehr die beschriebenen guten Eigenschaften, sondern sind überängstlich und nervös.

Die gelehrigen und spielfreudigen Pudel gehören seit Jahren zu den beliebtesten Rassen

Der Deutsche Pinscher wird viel größer als der bekanntere Zwergpinscher. Diese wachsamen und unkomplizierten Tiere sind ideale Familienhunde

Rottweiler

Die Rüden dieser in der schwäbischen Stadt Rottweil gezüchteten Gebrauchshunderasse erreichen eine Schulterhöhe von 60 bis 68 cm und werden bis zu 50 kg schwer, die Hündinnen bleiben mit 55 bis 65 cm etwas kleiner. Das kurze, stockhaarige Fell ist schwarz mit dunkel- bis hellbraunen Abzeichen.
(Foto siehe Seite 115)

Vorzüge: Ruhiger, gemütlicher, kinderfreundlicher Hund; sehr wachsam, aber kein Kläffer; ausgezeichneter Schutzhund.
Nachteile: Braucht einen körperlich ausreichend starken Besitzer mit Hundeerfahrung; kann nicht von Kindern allein ausgeführt werden.
Was er braucht: Konsequente Erziehung; sinnvolle Beschäftigung; bei Wohnungshaltung täglich ausreichend Bewegung, aber kein Joggen oder Radfahren.
Bemerkungen: Manche der überwiegend auf Schutzeigenschaften gezüchteten Rottweiler können sehr scharf werden und sind dann als Familienhunde nur noch bedingt geeignet.

Wie alle Terrier ist auch der Scottish Terrier ungeachtet seiner geringen Körpergröße mutig und unerschrocken

Scottish Terrier

Die Rüden dieser quirligen Rasse erreichen eine Schulterhöhe von etwa 28 cm und werden bis zu 10 kg schwer, die Hündinnen bleiben etwas kleiner und leichter. Das dichte Drahthaar zeigt die Farben Schwarz, Grau und verschiedene Gelbtöne sowie alle Schattierungen dieser Farben gestromt.

Vorzüge: Robuster, wachsamer und trotz seiner geringen Körpergröße sehr mutiger Hund; kein Kläffer, spielfreudig und kinderfreundlich, wenn er mit Kindern aufwächst; sehr anhänglich; ausgeglichenes Temperament; haart kaum.
Nachteile: Braucht regelmäßige Besuche beim Hundefriseur und intensive Fellpflege; seine Jagdleidenschaft ist oft nicht zu bremsen; neigt zu Rauflust gegenüber anderen, auch erheblich größeren Hunden.
Was er braucht: Liebevolle, aber nicht zu lasche Erziehung; regelmäßigen Auslauf; muß zwei- bis dreimal jährlich getrimmt werden.
Bemerkungen: Bekannter ist die Rasse unter dem Namen Scotch Terrier, korrekt ist aber der hier verwendete Name Scottish Terrier.

Skye Terrier

Auch die Skye Terrier gehören mit einer Schulterhöhe von 24 bis 26 cm und einem Gewicht von 9 bis 11 kg zu den

kleinen Terrierrassen. Das lange Fell zeigt alle Grauschattierungen bis hin zu Schwarz, oft mit schwarzer Gesichtsmaske, immer mit schwarzen Ohren.

Vorzüge: Eleganter, auffallender Luxushund; intelligent und mutig, guter Wächter; geduldig mit Kindern, wenn er mit ihnen aufgewachsen ist.
Nachteile: Braucht täglich intensive Fellpflege; bringt viel Schmutz in die Wohnung; kann wegen seines langen Rückens nur schwer Treppen steigen, deshalb eignet er sich nicht für Etagenwohnung ohne Lift.
Was er braucht: Mäßigen, aber regelmäßigen Auslauf; intensive Fellpflege; tolerante, liebevolle Besitzer.

Skye Terrier sind ausgesprochene Luxusgeschöpfe, deren seidiges Fell viel Pflege braucht

Spitz

Spitze gibt es in verschiedenen Größen. Großspitze erreichen eine Schulterhöhe von bis zu 50 cm, Mittelspitze werden etwa 32 cm groß und Zwerg- und Kleinspitze 22 bis 28 cm. Alle Spitze haben ein langes, üppiges Fell, und sie zeigen fast alle Farben von Weiß über Grau zu Braun bis hin zu Schwarz.
(Foto Zwergspitz siehe Seite 33)

Vorzüge: Sehr wachsam und häuslich; zeigt keinen Hang zum Streunen; intelligent, lernbegierig lebhaft und treu; als ehemaliger Begleiter von Fuhrleuten auf Wachsamkeit gezüchtet; idealer Haushund.
Nachteile: Haart relativ stark, muß täglich fachgerecht gebürstet werden; bellt recht viel (je kleiner, desto mehr).
Was er braucht: Je nach Größe mehr oder weniger Platz in der Wohnung; bei genügend Auslauf im Garten oder Hof muß er nicht unbedingt spazierengeführt werden.

Yorkshire Terrier

Diese kleinen Terrier erreichen eine Schulterhöhe von 20 bis 25 cm. Das langhaarige, seidige Fell zeigt die Farben Grau (über dem Rücken) und Lohfarben an den anderen Körperpartien.

Vorzüge: Bildschöner Luxushund; lustig und temperamentvoll; trotz seiner geringen Körpergröße sehr tapfer, wenn er mit Kindern aufwächst meist sehr kinderfreundlich; braucht nur wenig Platz.
Nachteile: Intensive, tägliche Fellpflege erforderlich; ist vom Körperbau sehr zart, deshalb nichts für ruppige Kinderspiele; sehr kälteempfindlich.
Was er braucht: Liebevolle, konsequente Erziehung, da er sonst schnell zum Kläffer wird; Zeit für die tägliche Fellpflege; Auslauf im Freien, aber keine großen Touren.
Bemerkungen: Da Yorkshire Terrier Modehunde geworden sind, gibt es auch manche Züchter, die es bei der Zucht nicht so genau nehmen, deshalb nur bei anerkannten Züchtern kaufen.

Die winzigen Yorkshire Terrier sind trotz ihres zarten Körperbaus temperamentvoll und unternehmungslustig

Ein Hund soll ins Haus

Hündin oder Rüde?

Eine Empfehlung, ob Sie sich für eine Hündin oder für einen Rüden entscheiden sollten, kann ich Ihnen nicht geben, sondern nur die Merkmale aufzählen, die beide Geschlechter voneinander unterscheiden.

Rüden gelten als weniger häuslich und schwerer lenkbar, weil sie sich, wenn läufige Hündinnen in der Nähe sind, leicht ablenken lassen und dann auch zum Streunen oder Weglaufen neigen. Rüden versuchen außerdem, sich gegenüber anderen Rüden zu behaupten, raufen eher und beanspruchen ihr Revier als Rudelführer. Sie unterwerfen sich dem Menschen nicht so leicht und schnell wie eine Hündin, besonders wenn es sich um Vertreter großer und starker Rassen handelt.

Und – man muß es erwähnen – Rüden heben ihr Bein, um ihre Anwesenheit zu markieren. Weil sie dabei immer dieselben markanten Plätze wählen, kann das den Gartenbäumen unter Umständen schlecht bekommen.

Wenn sich Rüden ganz bestimmten Hündinnen in ihrem Revier angeschlossen haben, können sie ihren »Frauen« sehr treu sein. Mein eigener Deckrüde, Schäferhund Carlo vom Holzheimer Eichwald, hatte zwei Hündinnen, mit denen er ganzjährig zusammenlebte. Wenn eine der beiden, Vroni oder Bärbel, in die Hitze kamen, interessierte ihn während dieser ganzen Zeit und noch einige Wochen danach keine andere Hündin. Sogar Hündinnen, die er bereits früher gedeckt hatte und die gleichzeitig mit Vroni und Bärbel läufig wurden, konnten ihm in die Nähe kommen, ohne daß er sie belästigte. Seine beiden Lebensgefährtinnen waren ihm offenbar wichtiger. Diese Treue hat natürlich für den Besitzer eines Rüden vor allem dann Nachteile, wenn die auserkorene Lieblingsfrau nicht im gleichen Haus lebt. Dann kann es durchaus passieren, daß der Hund zweimal jährlich wochenlang aushäusig ist, weil er nämlich ausdauernd vor der Tür der Hündin sitzt. Dagegen hilft auch keine noch so gute Erziehung, sondern nur ständiges Anleinen und Einsperren beziehungsweise der Gang zu der Angebeteten, um den Ausreißer zurückzuholen.

Hündinnen sind in der Regel häuslicher als Rüden und ordnen sich meist leichter unter. Wenn man von der Läufigkeit, die zwischen dem 7. und 14. Lebensmonat zum ersten Mal und später in der Regel alle sechs Monate auftritt, einmal absieht, lassen sie sich vom anderen Geschlecht nicht aus der Ruhe bringen. (Hündinnen untereinander geraten dagegen schon gelegentlich in Streit.) Nur während ihrer Hitze neigen sie dazu, ungehorsam zu sein und auszubrechen. Dazu kommt natürlich die Belästigung durch das Läufigkeitssekret und der Geruch, der alle Rüden aus der Nachbarschaft magisch anzieht.

Beim Spaziergang kann das sehr lästig werden. Wenn Sie nämlich keine Vorsorge treffen (Chlorophylltabletten un-

terdrücken den Hitzegeruch teilweise), begleitet Sie ein ganzes Rudel aufgeregter Rüden auf Schritt und Tritt. Deswegen ist es in dieser Zeit auch ratsam, die Hündin ganz früh am Morgen oder spät in der Nacht auszuführen. Selbstverständlich an der Leine, da Hündinnen – wie schon gesagt – während ihrer ganz heißen Phase zum Ausbrechen neigen.
Wenn man in dieser Zeit zum Spazierengehen zunächst eine gute Strecke mit dem Auto zurücklegt und die Hündin erst dann laufen läßt, verhindert man, daß die Rüden den Weg zum Haus der Hündin finden und hat die Möglichkeit, sich den aufdringlichen Freiern durch Rückzug in den Wagen zu entziehen. Die kurze Strecke vom Auto bis zum Gartentor oder zur Haustür sollten Sie Ihre Hündin, wenn ihr Körpergewicht das zuläßt, tragen, so daß die Rüden die Spur verlieren. Andernfalls finden sich alle Anbeter nämlich vor dem Tor ein und harren dort geduldig stundenlang aus.
Ein mir bekannter Besitzer einer Hündin hat das recht unangenehm erfahren. Als er eines Abends nach Hause kam, konnte er sein eigenes Haus nicht betreten, weil das Tor von zwei scharfen Rüden bewacht wurde, die ihm energisch den Eintritt verweigerten. Erst als er von einer Telefonzelle aus den Besitzer der Hunde, den er kannte, benachrichtigt hatte und dieser seine liebestollen Tiere abholte, war der Eingang wieder frei. Und das alles nur, weil im Inneren des Hauses seine heiße Hündin saß.
Trotz aller Sorgfalt und Vorsicht kann es Ihnen als Besitzer einer Hündin aber

Haben Sie als Besitzer einer Hündin einmal nicht aufgepaßt, und es kommt zu einem ungewollten Deckakt, reißen Sie die Tiere nicht gewaltsam auseinander, denn das kann leicht zu Verletzungen führen

immer passieren, daß sie einen unbewachten Augenblick benutzt und verschwindet und erst nach »getaner Tat« wieder auftaucht. Und da Hündinnen bei der Partnerwahl einen ganz eigenen Geschmack haben, der mit dem des Besitzers oder dem Standard der Rasse wenig zu tun hat, können Sie auf das Ergebnis einer solchen Eskapade nur gespannt sein.
Auch wenn Sie züchten wollen und sich deshalb eine Rassehündin zulegen, können Sie auch so manche Überraschung erleben. Wie etwa die Besitzer der Schäferhündin Berni, die nicht nur eine der schönsten ihrer Rasse war, sondern auch einen makellosen Stammbaum hatte und demnach eine hervorragende Zuchthündin war. Aber sie hatte ihren eigenen Geschmack. Auch in der größ-

ten Hitze ließ sie keinen der erwählten Deckrüden zu. Dagegen lief sie ganzjährig jedem weißen Spitz hinterher, dem sie begegnete. Hätte man sie gewähren lassen, hätte sie niemals einen anderen Rüden gewählt als einen weißen Spitz und ihrem Züchter statt der gewünschten Superschäferhundwelpen lauter Schäfer-Spitz-Mischlinge geschenkt.
Sollte es aber doch einmal geschehen, daß es zu einem ungewollten Deckakt kommt, bleibt Ihnen nichts weiter übrig, als Ruhe zu bewahren und der Natur ihren Lauf zu lassen.
Auch das sogenannte Hängen, wobei die Tiere nach dem eigentlichen Deckakt noch geraume Zeit Hinterteil an Hinterteil hängen, ist ganz normal und keineswegs krankhaft. Eine gewaltsame Trennung kann dagegen sehr wohl Verletzungen verursachen und ist auf jeden Fall für die Tiere schmerzhaft. Als Besitzer der Hündin können Sie nach einem solchen Vorfall bei einem Tierarzt um Rat fragen, ob und wie eine Trächtigkeit verhindert werden kann.
Natürlich läßt sich die Läufigkeit einer Hündin mit Hormonen zeitweise unterdrücken oder durch eine Kastration, das heißt, die Entfernung von Gebärmutter und Eierstöcken, ganz ausschalten. Ich maße mir nicht an, diese Eingriffe zu empfehlen oder zu verurteilen. Jeder Hundebesitzer muß selbst wissen, ob er einen solchen Schritt unternehmen will oder nicht.

Junghund oder erwachsenes Tier?

Die Vorteile eines Junghundes liegen klar auf der Hand. So ein unfertiges Hundebaby läßt sich wesentlich leichter in die Familie eingliedern als ein erwachsenes Tier mit eigenen und vielleicht schlechten Erfahrungen. Ein Junghund ist dagegen viel stärker formbar. Vor allem, wenn schon andere Haustiere, besonders Katzen, da sind,

Zwar ist es schwer, dem Charme eines solchen Wollknäuels zu widerstehen, aber bedenken Sie bei der Anschaffung, daß ein Hundebaby viel Zeit braucht

empfehle ich die Anschaffung eines Junghundes, der sich von Anfang an die artfremden Familienmitglieder gewöhnen kann. Und auch die Katze wird sich leichter tun, ihre Angst zu überwinden, wenn sie es mit einem für sie ungefährlichen Hundebaby zu tun hat.
Wer bereits einen Hund hat und einen zweiten möchte, tut gut daran, seinen ersten an der Entscheidung zu beteiligen. Sonst kann es ihm ergehen wie dem Chefarzt eines großen Krankenhauses, der seinem Rottweiler Ingo etwas Gutes tun wollte. Ingo liebte alle Hündinnen seiner Gegend und gesellte sich ihnen auch außerhalb ihrer Läufigkeiten bei. Sein Besitzer kaufte ihm eine bezaubernde junge Rottweilerhündin. Aber die junge Dame erregte keinerlei Interesse bei Ingo. Er duldete sie zwar, ging ihr aber aus dem Weg, wo er konnte. Das änderte sich nie, die beiden lebten zusammen, ohne daß Ingo der Hündin auch nur einen Blick gegönnt hätte. Nehmen Sie deshalb Ihren Hund mit, wenn Sie einen Zweithund auswählen. Und da Sie Ihren Liebling kennen, werden Sie schnell merken, ob er dem Neuen freundlich gesonnen ist oder ihn eventuell nicht mag. Ein Junghund wird sich dem älteren Artgenossen sicher willig unterwerfen, und wenn die beiden sich verstehen, kann der erwachsene Hund Ihnen einen Teil der Erziehungsarbeit abnehmen.
Neben den erwähnten Vorteilen gibt es auch ein paar Nachteile, die Sie bei der Entscheidung für oder gegen einen Junghund bedenken sollten. Zunächst fordert ein Hundebaby viel Zeit und Geduld. Oft sind die Kleinen noch nicht stubenrein, wenn sie zu ihren neuen Besitzern kommen. Sie sind es nicht gewöhnt, allein zu sein, und brauchen auch da Geduld. Außerdem wiegt jeder Fehler, den Sie bei der Erziehung eines Junghundes machen, wesentlich schwerer, als das bei einem bereits erwachsenen Tier der Fall wäre. Wer also nicht viel Zeit oder keinerlei Erfahrung im Umfang mit Hunden hat, tut manchmal besser daran, sich einen erwachsenen Hund zuzulegen. Ein weiteres Risiko beim Kauf eines Junghundes soll nicht verschwiegen werden. Erbschäden zeigen sich in der Regel bei ganz jungen

Wer auf Rasseschönheit Wert legt, sollte ein fast ausgewachsenes Tier kaufen. Unliebsame Überraschungen wie Knickohren bei Schäferhunden bleiben dann aus

Hunden noch nicht, die gefürchtete Hüftdysplasie, die bei großen Hunderassen oft auftritt, läßt sich zum Beispiel meist erst im Laufe des ersten Lebensjahres diagnostizieren. Auch kleinere Schönheitsfehler wie Knickohren bei Rassen, die Stehohren haben sollten, zeigen sich beim Junghund noch nicht. Wer also Wert auf Rasseschönheit legt und sichergehen will, entscheidet sich besser für einen erwachsenen oder weitgehend ausgewachsenen Hund.

Und dann gibt es noch einen weiteren guten Grund, warum Sie überlegen sollten, ob Sie nicht vielleicht lieber ein erwachsenes Tier nehmen sollten. Die Tierheime sind voll von Hunden, die ein neues, liebevolles Zuhause suchen. Meist sind es Mischlinge, aber wenn das Tier ausgewachsen ist, erleben Sie keine Überraschungen in punkto Größe und sonstiger Merkmale. Und oft sind solche aus dem Tierheim geholte Hunde besonders treu und anhänglich.

Das kommt in erster Linie daher, weil sie schon einmal Trennungsschmerz erfahren haben und unter Verlustangst leiden. Die sprichwörtliche »Dankbarkeit« solcher Tierheimhunde ist nichts anderes als ein Bemühen, im neuen Zuhause bleiben zu dürfen.

Ich kenne viele Hundeliebhaber, die sich aus diesem Grund nur ein Tier aus dem Heim holen. Allerdings sollen auch die Nachteile solcher Heimhunde nicht verschwiegen werden. Kein Hund kommt ja ohne Grund ins Heim. Und neben den vielen, deren Besitzer vielleicht gestorben sind, sich aus Altersgründen von ihren Lieblingen trennen mußten oder die irgendwo herrenlos aufgefunden wurden, warten auch unzählige Hunde, die etwa wegen Bissigkeit, Kläfferei oder Zerstörungswut abgegeben wurden, auf einen neuen Besitzer.

Hunde, die man aus dem Tierheim holt, sind oft besonders treu und anhänglich

Wenn Sie sich für einen erwachsenen Hund entscheiden, müssen Sie also immer einkalkulieren, daß er »negative« Eigenschaften hat, daß er unter Umständen keine Kinder oder anderen Hunde mag, daß er den Garten umgräbt oder nicht Auto fahren will. Alles Dinge übrigens, die man mit ein bißchen Hundeerfahrung wieder korrigieren kann. Denn auch erwachsene Hunde lassen sich gut in eine Familie eingliedern.

In einem gut geführten Tierheim wird man Sie übrigens gern beraten und Ihnen auch die Schwächen Ihres neuen Hausgenossen nicht verschweigen. Versuchen Sie auf jeden Fall, soviel wie möglich über das Vorleben und das jetzige Verhalten Ihres Hundes herauszufinden, das wird Ihnen sehr helfen.

Woher nehmen und nicht stehlen?

Einen Hund können Sie, wie ausführlich im vorigen Abschnitt besprochen, aus dem Tierheim holen. Es gibt auch private Tierschutzvereine, die immer wieder ausgesetzte oder aus dem Süden mitgebrachte Tiere vermitteln. Sie können Ihren Neuen auch beim Züchter direkt erwerben. (Die Adressen der Zuchtverbände erfahren Sie unter der Adresse auf Seite 37.) Auch in den Tageszeitungen finden Sie entsprechende Inserate, und schließlich gibt es auch Tierabteilungen in Zoogeschäften, die Hunde anbieten.

Je nachdem, was für einen Hund Sie suchen und was er kosten darf, bieten sich verschiedene Wege an. Wenn Ihr Hund in der Anschaffung nicht viel kosten soll, bietet sich eigentlich nur ein stammbaumloser Mischling an, denn Rasse und Abstammungsnachweis haben ihren Preis, so etwa von 500 DM aufwärts.

Wenn Sie die Kosten für einen Rassehund nicht scheuen, sollten Sie ihn nach Möglichkeit direkt beim Züchter kaufen. Das hat eine Reihe von Vorteilen. Sie können sich den Zuchtbetrieb anschauen und den Züchter über die Rasse und den Hund genau befragen. Außerdem lernen Sie die Umwelt kennen, in der Ihr künftiger Begleiter seine ersten Lebenswochen verbracht hat und können sich ein Bild machen von seinen ersten Erfahrungen. Und Sie haben die Gelegenheit, sich wenigstens die Mutter genau anzuschauen.

Wichtig ist, daß die Mutterhündin freundlich und ausgeglichen ist, daß sie in einer sauberen Umgebung lebt und daß die Kleinen nicht fernab von allen menschlichen Kontakten in einem abgelegenen Zwinger groß wurden, sondern möglichst in menschlicher Obhut aufgewachsen sind. Lassen Sie sich nicht von überall hängenden Schleifen und Pokalen beeindrucken. Sie besagen nämlich nur wenig über das Seelenleben Ihres Welpen. Das gleiche gilt für den Stammbaum. Pokale und Papiere sind nur dann wichtig, wenn Sie später selber züchten wollen, aber Hunde züchten ist ein Kapitel für sich und kann hier nicht behandelt werden.

Für Sie ist in erster Linie ausschlaggebend, wie die Welpen sich dem Menschen gegenüber verhalten. Springen

Mischlinge sind in der Regel ausgeglichene und robuste Tiere

sie um den Züchter herum und zeigen keinerlei Scheu vor ihm? Lassen sie sich auch von Ihnen willig streicheln, suchen sie vielleicht sogar neugierig Kontakt? Dann hat ihnen der Züchter in der entscheidenden Sozialisierungsphase genügend Zeit gewidmet (siehe Seite 17) und die Hündchen bringen die besten Voraussetzungen mit, sich in die menschliche Gemeinschaft einzufügen. Welpen, die in der so wichtigen Prägungsphase wenig oder keinen Kontakt zu Menschen hatten, sind wesentlich schwieriger in die Familie zu integrieren als Tiere, denen der Umgang mit Menschen von Anfang an selbstverständlich war.

Auch im Zoohandel kann man Hunde kaufen. Hier kommt es vor allem darauf an, daß der Junghund nicht schon zu lange dort war und wie die Haltungsbedingungen beim Händler sind. Natürlich ist auch bei einem solchen Tier wichtig, wie er seine ersten Wochen – ob in der Obhut von Menschen oder isoliert im Zwinger – verbracht hat. Überhaupt sollten Sie soviel wie möglich über den bisherigen Lebensweg des Hundes wissen, bevor Sie sich zum Kauf entschließen. Seriöse Züchter und Händler werden Sie gern ausführlich informieren.

Immer mehr Menschen holen sich ihren vierbeinigen Kameraden aus dem Tierheim. Das ist grundsätzlich zu befürworten, wenn nicht allein Mitleid ausschlaggebend ist. Prüfen Sie, welcher Hund am idealsten in Ihre Hausgemeinschaft paßt. Fragen Sie bei der Heimleitung nach Erfahrungen mit dem von Ihnen ins Auge gefaßten Hund, nach seinen Fehlern und Mängeln. Bei Findlingen wissen die Tierheime allerdings meist nichts über Wesen und Herkunft des Tieres. Aber auf jeden Fall können die vorübergehenden Pfleger Ihnen über sein Verhalten im Tierheim berichten, und das sagt ja auch schon einiges. Wo es aber möglich ist, sollten Sie versuchen, auch hier soviel wie möglich über das Vorleben Ihres Hundes zu erfahren. Wichtig sind die Gründe, warum er abgegeben wurde, der wievielte Besitzer Sie sind usw. Und fragen Sie – das gilt für alle erwachsenen Hunde – unbedingt nach der Stubenreinheit. Denn während ein Junghund sich leicht zur Sauberkeit erziehen läßt, kann es bei einem erwachsenen Tier sehr schwer sein, ihn stubenrein zu bekommen, wenn er es in seiner Jugend nicht gelernt hat.

Selbstverständlich sollten Sie immer darauf achten, daß Ihr »Neuer« gesund ist, alle seine Impfungen erhalten hat und entwurmt ist. Das Fell soll sauber und nicht verklebt sein, die Augen klar und ohne Ausfluß, die Ohren sauber und nicht verkrustet. Nehmen Sie keinen Junghund, der sich bei Ihrem Anblick in die äußerste Ecke verkriecht und ängstlich zu winseln beginnt. Ein normaler, gesunder Hund, der keine schlechten Erfahrungen gemacht hat, ist neugierig und sucht den Kontakt zum Menschen. Er muß nicht unbedingt verspielt sein, er hat vielleicht gerade gefressen und macht jetzt sein Verdauungsschläfchen. Dabei will er natürlich nicht gerne gestört werden. Aber er wird blinzeln und vielleicht ein bißchen mit dem Schwänzchen schlagen.

Bei so viel Schönheit fällt die Wahl zwischen den verschiedenen Zwergspitzen schwer

Es ist keineswegs ein Zeichen von Unhöflichkeit oder Mißtrauen, wenn Sie den Verkäufer nach dem Impfpaß und Wurmkuren fragen, sondern Ihr gutes Recht, auf das Sie bestehen sollten.

Nicht immer ist man übrigens selbst derjenige, der sich einen Hund aussucht, manchmal ist es auch genau umgekehrt. Bei uns in Antonienwald landete einmal ein Mischling aus Frankfurt, der sich seine Besitzer selbst ausgesucht hatte. Das Ehepaar war in Frankfurt auf einem Einkaufsbummel, als sich ihnen in der Fußgängerzone ein Hund anschloß. Die beiden erledigten ihre Besorgungen, der Hund trottete mit. Sie gingen mittags in ein Café, der Hund wartete vor der Tür, sie gingen ins Parkhaus, wo ihr Auto stand, der Hund begleitete sie.

So viel Hartnäckigkeit zeigte Wirkung, die beiden brachten es nicht übers Herz, ihren Findling allein im Parkhaus zurückzulassen, und nahmen ihn mit sich nach Hause. Nach einigen Wochen gelang es ihnen schließlich, den Besitzer zu ermitteln. Dieser hatte aber kein besonderes Interesse an dem Hund. Er hatte ihn von Anfang an sich selbst überlassen und ihn so zum Streuner gemacht. Er war deshalb auch ohne weiteres einverstanden, daß das Ehepaar den Findling ganz zu sich nahm. Jetzt hatte der Kleine zwar ein neues Zuhause, zeigte aber überhaupt kein Benehmen. Er hatte ja nichts gelernt. Da die unfreiwilligen Hundebesitzer auch nicht genug von Hundeerziehung verstanden, um ihn selbst auszubilden, brachten sie ihn zu uns. Als er nach einigen Wochen Ausbildung unser Internat verließ, war er ein tadelloser Hund geworden, und die von ihm erwählten Besitzer hatten jahrelang Freude an ihm.

Steuern und andere Kosten

Ein Hund macht nicht nur Freude, sondern verursacht eine ganze Menge Kosten, auch das sollte man vor seiner Anschaffung bedenken. Überall in Deutschland ist zum Beispiel die Hundesteuer-Pflicht. Sie müssen Ihr Tier spätestens bis zum sechsten Lebensmonat der Gemeinde oder Stadtverwaltung gemeldet haben. Sonst droht Ihnen, falls man Sie bei der »Schwarzhundehaltung« ertappt, eine saftige Geldstrafe. Wie hoch die Steuer ist, hängt von der Stadt oder Gemeinde ab. Es gibt Gemeinden, die für einen Hund nur 30 DM pro Jahr verlangen, und andere, die beim ersten

Für Wach-, Blinden- und Suchhunde muß man keine Hundesteuer bezahlen

Hund 120 DM und beim zweiten sogar 240 DM Steuern im Jahr erheben. Diese Kosten sollten Sie natürlich vor dem Kauf berücksichtigen. Sie können aber versuchen, bei der Gemeinde oder Stadt eine Ermäßigung beziehungsweise Befreiung von der Hundesteuer zu beantragen, wenn Sie Ihren Hund nachweislich als Wachhund für Ihr abgelegenes Haus brauchen. Auch Tierschutzvereine geben in manchen Fällen Zuschüsse zur Hundesteuer, wenn die Besitzer soziale Härte nachweisen können. Und schließlich sind Blinden- und Behindertenhunde von der Steuer befreit.

Für Impfung, Entwurmung und Gesundheitsvorsorge sollten Sie noch einmal mindestens 200 DM Tierarztkosten pro Jahr veranschlagen. Rund 100 DM müssen Sie jährlich für die Hundehaftpflichtversicherung einkalkulieren. Diese Versicherung ist unbedingt notwendig, denn Hunde sind nicht, wie andere Heimtiere, in der normalen Haftpflichtversicherung mitversichert. Auch wenn Ihr Zukünftiger ein harmloser Winzling ist, kann er schlimmstenfalls einen Millionenschaden verursachen: Er braucht nur der Grund für einen schweren Verkehrsunfall mit Personen- und Sachschaden zu sein.

Und damit sind wir noch nicht am Ende: Futter, Leine, Schlafkorb und anderes Zubehör kosten genauso Geld wie der Besuch beim Friseur oder Trimmer. Für Zubehör sollten Sie zwischen 50 DM und 500 DM pro Jahr veranschlagen, an Futterkosten kommen, je nach Rasse, zwischen 1000 DM und 3000 DM jährlich auf Sie zu.

Rechnen Sie bei einem Hund, der geschoren werden muß oder trimmbedürftig ist, noch einmal 300 DM bis 700 DM pro Jahr dazu, dann merken Sie, daß die Haltung eines Hundes doch recht kostspielig werden kann.

Gott sei dank haben die Kosten, die ja auch nicht alle auf einmal anfallen, noch kaum einen wirklichen Hundeliebhaber davon abgehalten, seinen vierbeinigen Freund optimal zu versorgen. Viele Menschen verzichten lieber auf den einen oder anderen Luxus, damit sie ihrem Gefährten ein hundegerechtes Leben ermöglichen können. Wenn Sie das nicht wollen oder können, rechnen Sie lieber vorher aus, was Ihr Hund maximal kosten darf, und wählen Sie eine kleine Rasse (Futterkosten), die nicht zum Hundefriseur muß. Tierarztkosten müssen aber bei jeder Rechnung berücksichtigt werden.

Und noch etwas! Wenn Sie zur Miete wohnen, klären Sie vorher ab, ob Hundehaltung in Ihrer Wohnung überhaupt erlaubt ist. Lassen Sie es sich lieber schriftlich geben, denn die Erfahrung lehrt, daß oft genug Vermieter, die geistesabwesend ihre Zustimmung gaben, diese später widerrufen. Und dann sind Sie im Nachteil, wenn Sie die Erlaubnis nicht schriftlich vorweisen können. Wenn Ihr Mietvertrag keine Hundehaltung erlaubt, versuchen Sie bitte nicht, Ihren Vermieter auszutricksen, denn Hauptleidtragender ist in jedem Fall der Hund, der, kaum hat er sich an sein neues Zuhause gewöhnt, wieder weggegeben werden muß und eventuell im Tierheim landet.

Die wichtige Zeit der Eingewöhnung

Vorbereitungen auf das neue Familienmitglied

Je sorgfältiger die ganze Familie sich auf den Neuen vorbereitet, desto problemloser wird er sich eingewöhnen. Kaufen Sie also vorher einen Futter- und einen Wassernapf, einen passenden Schlafkorb oder eine Schlafdecke, kurz, alle Dinge, die einen festen Platz in der Wohnung bekommen sollen. Und legen Sie vor der Ankunft des Hundes fest, wo er gefüttert werden und wo er schlafen soll. Während Futter- und Wassernapf bei fast allen Besitzern einen bestimmten Platz oft in der Küche haben, sieht es mit dem Schlaf- und Ruheplatz leider ganz anders aus. Vielen Hundebesitzern ist nämlich nicht klar, daß der Hund auch einen Bereich, der ihm gehört und in den er sich zurückziehen kann, braucht. Wenn Sie ihm einen idealen Schlafplatz im Haus schenken wollen, wählen Sie eine Nische, die ihn von zwei Seiten schützt. Das gibt ihm Geborgenheit. Die anderen beiden Seiten sollten offen sein und möglichst großen Überblick über die Geschehnisse in der Wohnung bieten. Einen solchen sorgfältig ausgesuchten Schlafplatz werden die meisten Hunde ohne Probleme akzeptieren und ihn schnell als ihr Reich betrachten, wo sie ihre Knochen oder Spielzeug in Sicherheit bringen. Respektieren Sie als Besitzer aber auch die »Intimsphäre« des Hundes und lassen ihn auf seinem Schlafplatz in Ruhe. Wenn Sie Kinder haben, machen Sie ihnen klar, daß diese Zuflucht des Hundes für sie tabu ist, denn es kann durchaus passieren, daß der Hund einen ungebetenen Eindringling in seine Intimsphäre beißt. Die Intimsphäre umfaßt etwa 20 cm im Umkreis des Hundes. Nur wenn ein Hund mag, darf sie überschritten werden. Hier zeigt der Hund ein ähnliches Verhalten wie wir Menschen. Ist uns jemand unsympathisch, und wir sind nicht in der Stimmung dazu, darf unsere Intimsphäre auch nicht überschritten werden. In so einem Fall halten wir Distanz zu unseren Mitmenschen. Wird dies nicht respektiert, können wir sehr ärgerlich oder verletzend werden. Ein Hund beißt in so einem Fall zu, ohne daß das Verhalten bösartig zu nennen wäre.

Es gibt allerdings auch Hunde, die gar keinen festen Lagerplatz wollen. Wenn sie in einem großen Haus wohnen, laufen sie gern durch alle Flure und Zimmer und lassen sich an den verschiedensten Stellen nieder. Nur so können sie nämlich das gesamte Haus bewachen. Solche Hunde haben einen angeborenen stark ausgeprägten Wachtrieb und nehmen ihre selbstgewählte Aufgabe sehr ernst. Wenn irgend möglich, sollten Sie deshalb in einem solchen Fall Ihren Hund gewähren lassen und dulden, daß er keinen festen Schlafplatz möchte.

Beim Stichwort Schlafplatz fällt mir noch eine lustige Geschichte ein. Es gibt

Viele Hunde schätzen ein Körbchen als Schlafplatz. Aber bedenken Sie, daß der Kleine noch tüchtig wachsen wird, und kaufen Sie das Körbchen nicht zu klein

ja viele Hunde, die am liebsten auf einem erhöhten Platz ruhen, weil sie von dort aus den besten Überblick über ihr komplettes Reich haben. Boxer Cäsar war so ein Beispiel. Er gehörte einem Kapitän, der ihm einen eigenen Sessel zur Verfügung stellte. Cäsars Sessel stand im Wohnzimmer und unterschied sich äußerlich nicht von den restlichen Teilen der Sitzgruppe. Der Boxer war ruhig und zufrieden, solange er auf seinem Platz liegen konnte. Kam jetzt Besuch, den der freundliche Hund natürlich stets willkommen hieß, sagte der Besitzer kein Wort zu seinen Gästen, sondern freute sich auf die immer gleiche Szene. Setzte sich nämlich ein Gast nichtsahnend auf Cäsars Sessel, sprang der Boxer mit einem unwilligen Knurren auf die Sessellehne und schubste den Besucher energisch von hinten, so daß der Gast entweder auf den Boden rutschte oder vor Schreck aufsprang. Danach rollte Cäsar sich zufrieden in seinem Sessel zusammen und gab Ruhe. Gebissen hat der Boxer übrigens nie, er hat lediglich seinen Stammsessel zurückerobert. Nur deshalb konnte es sein Besitzer auch wagen, den Hund mit den Besuchern »raufen« zu lassen.

Nun aber zurück zu den Vorbereitungen auf den Neuankömmling. Wenn der Neue noch ein Hundebaby ist, kaufen Sie ihm am besten einen altmodischen Wecker, dessen Uhrwerk noch deutlich hörbar tickt. Dieser alte Züchtertrick bewährt sich in den ersten Nächten: die Junghunde werden durch das Ticken des Weckers an den Herzschlag der Mutter erinnert und bleiben ruhiger. Wenn Sie wünschen, daß der Hund draußen im Zwinger übernachtet, muß das Außengehege natürlich auch bereits fertig eingerichtet sein, bevor der Hund ins Haus kommt. Wenn bei einer Zwingerhaltung der Familienanschluß gewährleistet ist, sehe ich in dieser Art Unterbringung keine Tierquälerei. Wer sich einen ernstzunehmenden Wachhund und Familienbeschützer wünscht, braucht die Möglichkeit, seinen Hund mal wegzusperren, wenn zum Beispiel eine Party im Haus stattfindet oder die Handwerker dort arbeiten. Kein Hund kann schließlich unterscheiden, daß Besucher mal willkommen und mal unwillkommen sind.

Nach dem Tierschutzgesetz muß der Hundezwinger mindestens 6 qm groß sein, dazu kommt noch die Fläche für den Schlaf- und Ruheplatz. Zum Schlafen braucht der Hund eine ausreichend große, gegen Witterungseinflüsse isolierte und gut gepolsterte Hütte. Natürlich ist ein etwas größerer Zwinger günstiger. Riesige Gehege sind nicht sinnvoll, denn sie werden nicht genutzt, weil sie dem Hund kein »Heimgefühl« mehr vermitteln.

Ist die Entscheidung, wo gefüttert werden soll und wo der Hund seine Ruhe- und Schlafstätten hat, gefallen, setzen Sie sich noch einmal wegen der künftigen Aufgabenteilung zusammen. Legen Sie fest, wer für Fütterung, Auslauf und Fellpflege verantwortlich ist. Und besprechen Sie auch den Ablauf des Ankunftstages. Ein neuer Hund braucht Zeit, sich an die Umgebung, an all die neuen, ihm noch fremden Familienmitglieder zu gewöhnen. Wenn bei seiner Ankunft alle miteinander über ihn herfallen, ihn betätscheln und auf ihn einreden, überfordert ihn das total. Es ist geschickter, ihn nacheinander an die zu gewöhnen, die er künftig begleiten, beschützen und bewachen soll. Legen Sie die Reihenfolge also vorher fest. Vergessen Sie auch nicht, daß Ihr Hund Ruhe braucht, je jünger er ist, desto mehr. Hunde verbringen nämlich wesentlich mehr Zeit als wir Menschen mit Ruhepausen. Sie schlafen dabei zwar nicht tief, sondern dösen stundenlang vor sich hin, aber sie brauchen diese Erholungsphasen. Planen Sie also keinen turbulenten Empfangstag mit stundenlangen Spaziergängen, sondern machen Sie sich vorher klar, daß der Neue bald erschöpft sein wird und dann seine Ruhe haben muß.

Wenn es ein Junghund ist, ist die Versuchung natürlich groß, Freunde, Verwandte und Bekannte mit dem hinreißenden Hundebaby zu konfrontieren. Bitte tun Sie das nicht! Schon die Schulfreundin der Tochter kann so ein Seelchen, das sich ja noch nicht einmal an die »eigenen« Menschen gewöhnt hat, in völlige Verwirrung stürzen. Denn auch ein Hund braucht Zeit, alle Mitglieder seiner neuen Familie kennenzulernen. Erst wenn er nach ein paar Tagen genau weiß, zu welchem Menschenrudel er gehört – und diese Sicherheit ist für seine weitere Entwicklung sehr wichtig –, sollte er die Bekanntschaft von Freunden und Verwandten machen.

Auch die Nachbarn, denen Sie besser Bescheid geben, weil möglicherweise mit einer Nacht Gewinsel und vielleicht einer Pfütze im Treppenhaus gerechnet werden muß, sollten Sie vertrösten: Die ersten Tage gehören dem Junghund und seiner Familie ganz allein.

Der Transport nach Hause

Wenn es dann endlich soweit ist und Sie Ihren Neuen holen, bitten Sie den Vorbesitzer, ihn vorher nicht zu füttern. Ein nüchterner Hund übersteht die erste Autofahrt nämlich besser als ein Tier mit vollem Magen. Fahren Sie möglichst zu zweit, dann kann einer sich auf das Fahren konzentrieren und der andere sich um den Hund kümmern. Die erste Fahrt – weg vom vertrauten Zuhause, mit wildfremden Personen in einem ungewohnten Gefährt – bedeutet für jeden Hund großen Streß. Einen Junghund nehmen Sie deshalb am besten auf den Schoß und reden ihm beruhigend zu, streicheln ihn, damit er Wärme und Geborgenheit spürt und sich schon an Ihren Geruch gewöhnt. Aber legen Sie vorsichtshalber eine Decke unter, denn in der Aufregung kann der Kleine schon mal unter sich machen.

Der Verlauf des ersten Kontakts zu einem neuen Hund ist sehr wichtig. Was der Hund während des Heimtransports erlebt, verbindet er zwangsläufig mit Ihnen. Deshalb ist es so entscheidend, daß diese Fahrt möglichst ruhig verläuft. Die frühen Morgenstunden sind sicherlich der günstigste Zeitpunkt, den Hund zu holen. Sowohl der Hund als auch Sie haben dann die Möglichkeit, einen ganzen Tag lang erste Bekanntschaft miteinander zu machen. Lassen Sie sich vor der Abreise vom Vorbesitzer noch erklären, was der Hund bisher gefressen hat, und nehmen Sie nach Möglichkeit eine Portion seiner gewohnten Nahrung mit. Das erleichtert dem Hund die Umstellung und vermindert das Risiko von Durchfall oder ähnlichen Symptomen.

Gönnen Sie Ihrem neuen Hausgenossen zwischendurch immer mal wieder eine Ruhepause, denn all die neuen Eindrücke machen müde

Wenn Sie eine längere Heimreise haben, müssen Sie Pausen einplanen, in denen der Hund seine großen und kleinen Geschäfte erledigen kann. Damit Ihnen Ihr neuer Hausgenosse dabei nicht wegläuft, müssen Sie ihn natürlich anleinen. Vergessen Sie also Halsband und Leine nicht. Bieten Sie in diesen Pausen dem Hund auch etwas Wasser an, denn meist haben Aufregung und das viele Hecheln ihn durstig gemacht. Aber Vorsicht bei Junghunden, die müssen sich nach dem Trinken meist sofort erleichtern, also warten Sie diesen Moment noch ab.

Das neue Familienrudel

Alle Hunde brauchen beim Betreten einer neuen Umgebung die Möglichkeit, sich zurechtzufinden, alles zu untersuchen und sich in Ruhe umzuschauen. Lassen Sie den Neuen dabei an der Leine, das gibt Ihnen und ihm Sicherheit. Glauben Sie nicht, daß die Leine den Hund stört oder einengt, im Gegenteil. Wenn er keine schlechten Erfahrungen gesammelt hat, fühlt sich ein Hund an der Leine wohl und von Ihnen beschützt. Ein Hund an der Leine ist wie ein Kind, das an die Hand genommen und von einem Erwachsenen über die gefährliche Straße geführt wird.
Zeigen Sie ihm seinen Schlafplatz, die Räume, in denen er sich künftig aufhalten darf, und nacheinander auch die Familienmitglieder, die ab jetzt sein Rudel bilden werden. Hat sich bei der Familie und dem Hund die erste Aufregung gelegt, ist der Zeitpunkt günstig, den Hund zu füttern. Bedenken Sie, daß er ja heute noch nichts bekommen hat. Und außerdem gibt das dem Hund das Gefühl: Hier bekomme ich Futter, hier gehöre ich hin. Gönnen Sie dem Tier anschließend die wohlverdiente Ruhepause, allerdings erst, nachdem Sie ihn vorher noch kurz an die Luft gebracht haben, damit er sich erleichtern kann. (Besonders bei Junghunden ist das sehr wichtig.) Erst wenn Sie den Eindruck haben, Ihr Neuer kennt sich schon ein bißchen aus, und wenn keine anderen Haustiere da sind (siehe nächster Abschnitt), sollten Sie ihn von der Leine und das Terrain auf eigene Faust erkunden lassen. Achten Sie darauf, daß vor allem Kinder ihn nicht zu stürmisch begrüßen, das verängstigt ihn nur. Alle Familienmitglieder sollten sich langsam und behutsam nähern und sich beschnüffeln lassen. Geben Sie ihm dann wieder die Möglichkeit, all diese Eindrücke zu verdauen, indem Sie ihn in seinem Körbchen schlafen lassen.

Junghunde, die noch keine Erfahrung mit Katzen gemacht haben, sind eigentlich nur neugierig und wollen spielen

Hund und Katze

Wenn Sie schon andere Haustiere haben, sollten Sie, wenn die erste Aufregung sich gelegt hat, Ihren Hund auch mit ihnen bekannt machen, denn auch

sie sind Teil seines neuen Familienrudels, das er kennenlernen soll. So lange sie, wie zum Beispiel Hamster oder Vögel, in einem Käfig sind, geht das auch ohne Probleme. Ist aber eine Katze im Haus, erzwingen Sie die Bekanntschaft der beiden nicht sofort. Lassen Sie der Katze die Möglichkeit, sich vorsichtig immer näher an den Neuen heranzupirschen, und geben Sie ihr Zeit, sich zu überzeugen, daß er harmlos ist. Der Hund bleibt dabei an der Leine, damit er nicht stürmisch auf die Katze zuläuft und vielleicht damit alles auf lange Zeit verdirbt. Katzen sind anderen Lebewesen gegenüber meist sehr mißtrauisch, und in der Regel wird Mieze erst einmal aus gebührender Entfernung mit gesträubtem Schwanz und der Bereitschaft, sich sofort zu wehren, den »Rivalen« anstarren. Warten Sie ab, bis der Kleine schläft, und locken Sie die Katze dann zu sich und in die Nähe des Hundes. Hat sie erst mal Geruchskontakt aufgenommen, ist der erste schwere Schritt getan. Aber erzwingen Sie nichts, wenn die Katze nicht will. Haben Sie Geduld, irgendwann wird die Neugier siegen.

Fast in allen Fällen respektiert der Neuling die Katze und deren älteres Heimrecht und betrachtet sie als gleichberechtigtes oder gar im Rang höher stehendes Rudelmitglied. Spätestens, wenn er ihre wehrhaften Krallen einmal zu spüren bekommen hat, erweist er ihr den gebührenden Respekt.

In den ersten Wochen sollten Sie beide Tiere trotzdem nie allein ohne Aufsicht zusammen lassen. Daß mindestens Waffenstillstand herrscht, vielleicht sogar eine Freundschaft beginnt, erkennen Sie an Ihrem Stubentiger. Blinzelt er zufrieden, wenn der Neuling an ihm vorbeigeht, weicht er dabei nicht einen Millimeter zur Seite oder sucht gar von sich aus die Nähe des herrlich warmen Hundekindes, dann haben Sie gewonnen. Die angebliche Erbfeindschaft zwischen Hund und Katze ist nämlich nicht angeboren, sondern wird von beiden erst durch schlechte Erfahrung mit der anderen Tierart erlernt. Wenn also ein Junghund zu einer Katze ins Haus kommt, schließt er – so fern es Ihre Hoheit erlaubt – Freundschaft mit der Katze. In den allermeisten Fällen entwickelt sich sogar eine enge Bindung zwischen den beiden ungleichen Tieren. Die Geschichte von Spitz Topsy und Kater Pe-

Es gibt keine Erbfeindschaft zwischen Hund und Katze, im Gegenteil, die ungleichen Partner können sogar dicke Freunde sein

ter ist so ein Beispiel dafür, wie eng die Bindung von Hund und Katze sein kann. Topsy und Peter fraßen immer gleichzeitig und immer aus demselben Napf. Wenn Peter nun auf dem Küchentisch einen besonderen Leckerbissen roch, sprang er auf den Tisch und klaute sich das Stück Fleisch oder die Wurst. Doch, bevor er sich ans Verspeisen machte, stupste er einen Teil seines Diebesgutes auf den Boden, wo Topsy schon gierig wartete. Der Spitz konnte ja nicht so gut springen oder klettern wie der Kater. Er bekam aber immer seine Ration ab, wenn Peter mal wieder auf »Klautour« war.

Hund und Hund

Haben Sie bereits einen erwachsenen Hund, wissen Sie ja, wie er auf andere Hunde reagiert. War er bisher Besucherhunden und speziell Junghunden gegenüber immer aufgeschlossen und verspielt, wird er auch den Neuen, den Sie mitbringen, als Gast willkommen heißen. Das bedeutet aber noch lange nicht, daß er ihn ins »Familienrudel« mit aufnimmt. Wenn aus dem Gast ein »Eindringling« wird, können sowohl Rüden als auch Hündinnen sehr unangenehm werden. Zeigen Sie Ihrem älteren Hund also den Neuen, und beobachten Sie genau seine Stimmungslage. Zeigt er Drohverhalten, weisen Sie ihn zurecht. Duldet er den Kleinen, loben Sie ihn. Achten Sie genau darauf, daß Ihr Alter nicht zu kurz kommt, daß sein Alltag weitgehend der gleiche bleibt, sonst verbindet er mit dem Neuankömmling unangenehme Erfahrungen – keine gute Basis für eine Hundefreundschaft.
Sorgen Sie auch dafür, daß der Junghund den Großen nicht andauernd belästigt. Das wird er versuchen, denn er sieht im anderen Hund zuallererst den Mutterersatz. Meistens aber dauert es nur wenige Tage, und sogar ältere und ruhebedürftige Hunde verwandeln sich in geduldige Betreuer und Erzieher. Denn einen großen Vorteil hat es, dem älteren Hund einen Junghund beizugesellen. Der Kleine ist kein Rivale und wird sich erst einmal willig unterordnen. Kommt Ihr Neuling dann in die Flegeljahre, kann es allerdings zu Rivalitäten kommen, denn jetzt sucht der Halbwüchsige ja seine Grenzen. Dann müssen entweder Sie regulierend eingreifen und den Jüngeren scharf zurechtweisen oder es auf einen Kräftevergleich der beiden ankommen lassen, denn sobald die Fronten geklärt sind, sobald Sieger und Verlierer im Rivalenstreit feststehen, kehrt wieder Ruhe ein.
Soll zu einem erwachsenen Hund ein zweiter erwachsener kommen, sorgen Sie am besten dafür, daß die beiden sich draußen, auf neutralem Gelände kennenlernen. Erst wenn Sie sich überzeugt haben, daß beide miteinander befreundet sind, gehen Sie mit Ihnen zusammen nach Hause. Idealerweise sollte dieses erste Kennenlernen vor dem endgültigen Kaufentscheid stattfinden, denn so ersparen Sie sich Aufregung und Ärger, den Sie ganz bestimmt bekommen werden, wenn Sie zwei Hunde, die sich nicht sympathisch sind, in Ihren Haus-

Haben Sie schon einen erwachsenen Hund, ist es am einfachsten, wenn Sie einen Junghund dazunehmen, denn der ordnet sich dem Älteren problemlos unter

halt aufnehmen. Verstehen die beiden sich dagegen auf neutralem Gelände gut, können Sie mit beiden nach Hause gehen. Dann wird Ihr erster Hund nicht auf sein Heimrecht pochen, wie er es ganz sicher tut, wenn Sie ihn plötzlich mit einem unbekannten Rivalen konfrontieren.

Als Regel gilt: Einen Junghund in einen Haushalt, in dem schon andere Tiere leben, einzugliedern macht meist wenig Probleme. Hundebabys haben keine Erfahrung und halten weder Katzen noch Kaninchen oder Meerschweinchen für Feinde oder gar Beute, und jeder andere Hund ist für sie in erster Linie Beschützer. Sie nähern sich eigentlich keinem Lebewesen in feindlicher Absicht und schließen schnell Freundschaft.

Einen erwachsenen Hund an bereits im Haus lebende Haustiere zu gewöhnen erfordert dagegen viel Geduld und Zeit. Und vor allen Dingen dürfen Sie Ihren Neuen niemals unbeaufsichtigt lassen, solange er oder Ihre anderen Haustiere nicht zeigen, daß sie einander respektieren. Erst wenn keiner mehr knurrt, faucht, bellt, droht oder flieht, erst wenn sich keiner mehr durch eine Bewegung des anderen aus der Ruhe bringen läßt, können Sie davon ausgehen, daß die Grundzusammengewöhnung vollzogen ist. Einen erwachsenen Hund nehmen

Gerade Hütehunde wie dieser Berner Sennhund betrachten alle menschlichen und tierischen Hausbewohner als ihre Herde, die es zu bewachen gilt

Sie während dieser Gewöhnungszeit immer an die Leine, einmal, weil die Leine ihm Vertrauen schenkt, zum anderen, weil Sie eingreifen können, wenn der Hund fliehen oder sich auf die »Beute« stürzen will. Bei einem Junghund ist das meist nicht erforderlich, hier müssen Sie mehr auf Ihre alteingesessenen Haustiere achten.

Die Weichen gleich richtig stellen

Wer in den ersten Tagen die Weichen für das spätere Zusammenleben mit dem Hund richtig stellt, wird später kaum noch Schwierigkeiten bekommen. Auch wenn es noch so schwerfällt, dem kleinen, süßen Kerl etwas abzuschlagen, seien Sie von Anfang an konsequent und zeigen dem Hund liebevoll, aber bestimmt, was er darf und was nicht.

Der Schlafplatz

Viele frischgebackene Hundebesitzer lassen in den ersten Nächten mehr das Herz als den Verstand sprechen und geben nach, wenn der Hund ihre Nähe sucht. Die erste Nacht darf er dann meist mit ins Bett oder wenigstens auf den Bettvorleger. Dieses Mitleid mit einem natürlich etwas verängstigten Tier, diese Rührung darüber, daß der Kleine sofort Anschluß sucht, ist bereits der erste Schritt zu einem späteren Problem. Ob Junghund oder erwachsenes Tier – immer wird Ihr Hund daraus schließen, daß sein Platz nachts im Schlafzimmer ist und sich nur ungern eines Besseren belehren lassen. Der Trennungsschmerz später, wenn Sie nach ein oder zwei Wochen darauf bestehen, daß der Hund von jetzt an da nächtigt, wo Sie es schon immer geplant hatten, ist wesentlich größer als die Einsamkeit der ersten Nacht. Für

den Neuen ist sowieso alles ungewohnt, er ist ohnehin verstört, und alles, was er jetzt sucht, ist feste Führung, sind Anweisungen und Regeln. Und wenn Sie fest bleiben und der Schlafplatz (siehe Seite 69) richtig gewählt ist, wird Ihr Junghund sich schon bald zufrieden dort zusammenrollen.
Wohin das Gewohnheitsrecht, im Bett zu schlafen, führen kann, zeigt folgende kuriose Geschichte. Ein Ehepaar meiner Bekanntschaft hielt zwei Neufundländer, die auch als ausgewachsene Tiere mit Begeisterung zu Frauchen ins Bett sprangen. Das ging – trotz Protest des Ehemannes, der dann aus dem gemeinsamen Ehebett verbannt war – solange gut, bis eines Morgens das Bett unter dem Gewicht der Hunde zusammenbrach. Und da dem Ehepaar – sie lebten in einer Kleinstadt – das Gerede, das es sicher gegeben hätte, wenn sie einen Handwerker zur Reparatur bestellt hätten, peinlich war, blieb ihnen nichts anders übrig, als ein neues Bett zu kaufen und das alte in der Zwischenzeit provisorisch mit Büchern abzustützen.

Die Stubenreinheit

Das wichtigste und vordringlichste Problem ist die Erziehung zur Stubenreinheit. Zeigen Sie dem Neuen gleich am ersten Tag, wo er darf und wo nicht. Nach jeder Mahlzeit und immer kurz, nachdem er aufgewacht ist, führen oder tragen Sie ihn an einen Platz, den Sie ihm als Toilette zugedacht haben. Entleert er sich, loben Sie ihn. Werden Sie

Suchen Sie zum Gassigehen anfangs möglichst ruhige Seitenstraßen oder noch besser einen Park auf, damit der Hund nicht zuviel gestört wird

nicht ungeduldig, wenn er erst einmal schnüffelt und nicht sofort alle seine Geschäfte verrichtet. Gibt es noch andere Hunde in Ihrer Nähe, suchen Sie am besten einen Platz aus, an dem bereits ein Artgenosse seine Markierung hinterlassen hat. Der Geruch animiert Ihren Kleinen, sich ebenfalls zu entleeren. Eine gute Hilfe bei der Erziehung zur Stubenreinheit ist auch, bei den ersten Anzeichen der Entleerung als Aufforderung ein bestimmtes Wort zu sagen, etwa »Pfütze« oder »Mach schön«, auf jeden Fall ein »Kommando«, das der Hund später nur dann zu hören bekommt, wenn er sich entleeren soll. Der Hund verknüpft dieses Wort dann mit seinem Geschäft, und Sie können ihn später, etwa vor einer langen Zugfahrt oder einem Abend, an dem er länger allein bleiben muß, auf Vorrat sein Bein heben

lassen. Anfangs wählen Sie am besten immer dieselbe Stelle als Hundetoilette, denn der eigene Geruch verführt den Hund, nochmal eine Duftmarke zu setzen. Und vergessen Sie nicht, ihn solange nach getaner Tat zu loben, bis er wirklich stubenrein ist. Weil junge Hunde immer eine gefüllte Blase haben, wenn sie aufwachen, müssen Sie in der ersten Zeit jedesmal, wenn der Kleine nach einer Ruhepause wach wird, mit ihm sofort nach draußen. Auch nach dem Fressen muß sich ein Junghund in der Regel recht bald entleeren. Das kann in der Anfangsphase recht anstrengend sein und erfordert, daß jemand den ganzen Tag zu Hause ist und den Junghund ständig im Auge hat. Je konsequenter Sie dieses aber durchhalten, desto schneller wird der Kleine verstehen, daß er sich draußen und nicht in der Wohnung lösen soll und vermutlich schon bald selbst nach draußen streben. Problematischer sind die Nächte, wo schon mal ein Malheur passieren kann. Finden Sie dann morgens, wenn Sie aufgewacht sind, eine Bescherung auf dem Boden, dürfen Sie den Kleinen keinesfalls schimpfen oder gar seine Nase in den Fleck stoßen. Er hat den Vorgang längst vergessen, und das einzige, was er mit Ihrer Wut verbindet, ist Ihr Hereinkommen. Nur wenn Sie ihn auf frischer Tat ertappen, sagen Sie bestimmt »Nein« (Schreien ist nicht nötig!), nehmen ihn hoch und tragen ihn zu seinem Plätzchen. Machen Sie nicht den Fehler, in den ersten Tagen nur vors Haus oder auf den Balkon zu gehen, weil beides näher oder bequemer ist. Sie gewöhnen Ihren Hund damit nur an Plätze, die er ja später nicht mehr verunreinigen soll. Wenn Sie aber einen ausreichend großen Garten haben, zeigen Sie dem Hund von Anfang an die Stelle, wo er sich auch später lösen darf. Denken Sie daran, daß Sie in der Stadt darauf achten müssen, daß Häufchen und Pfütze niemals auf dem Bürgersteig hinterlassen werden. Suchen Sie entweder ein Stückchen Grün, oder gewöhnen Sie den Hund an den Rinnstein. Aber gehen Sie möglichst in eine ruhige Seitenstraße, damit der Hund nicht ständig durch Passanten und vorbeifahrende Autos gestört wird.

Es ist sehr bedauerlich, daß die Gemeinden und Städte beim Bau der Fußgängerzonen nicht daran gedacht haben, daß jeder dritte Fußgänger mit seinem Vierbeiner unterwegs ist. Es wäre schön, wenn dort auch ein paar Fleckchen Grün mit Baum als große Hundetoilette eingerichtet würden.

Wenn Sie anfangs ausreichend konsequent sind, wird Ihr Hund, ob Junghund oder ausgewachsenes Tier, in spätestens 14 Tagen stubenrein sein und ein Hundeleben lang die Plätze aufsuchen, die Sie ihm bestimmt haben.

Erlaubt und verboten

Schon wenige Stunden nach dem Einzug werden Hunde sehr neugierig und versuchen, das unbekannte Terrain zu erkunden. Weil Sessel und Couch einen hervorragenden Überblick über die Wohnung bieten, springen sie gern auf

Polstermöbel. Wenn Sie einen alten Sessel als Hundeplatz freigeben, wird Ihr Schützling den begeistert annehmen. Wenn Sie aber nicht wollen, daß er die Polster als sein Eigentum betrachtet, lassen Sie ihn von Anfang an nicht darauf. Das gleiche gilt für Räume, die später für ihn tabu sein sollen. Lassen Sie von der ersten Stunde an nicht zu, daß er sie betritt. Und entscheiden Sie sich sofort, ob der Kleine Sie, wenn er sich freut, anspringen darf oder nicht. Hunde können nämlich Arbeitskleidung nicht vom Sonntagsstaat unterscheiden. Und sie verstehen auch nicht, daß es entzückend ist, von einem Junghund angesprungen zu werden, aber unangenehm, wenn derselbe Hund, nun erwachsen und vielleicht 50 kg schwer, seine Willkommensfreude durch umwerfendes Anspringen zeigt.

Wenn Sie nicht wollen, daß Ihr Hund auf den Polstermöbeln liegt, dürfen Sie ihn auch nicht ausnahmsweise drauflassen. Begeistert wird er allerdings sein, wenn Sie ihm einen eigenen Sessel zur Verfügung stellen

Wachhund oder Schmusetier?

In diesen Tagen müssen Sie sich auch entscheiden, ob Ihr Hund später einmal ein Wachhund und Familienbeschützer werden soll oder nicht. Wenn Sie von ihm erwarten, daß er Fremde verbellt, Eindringlingen den Zugang zum Haus verwehrt und Sie verteidigt, wenn Sie angegriffen werden, dürfen Sie von Anfang an nicht zulassen, daß Fremde beim Spaziergang Ihren süßen Kleinen betätscheln, streicheln und mit ihm spielen. Ebenso müssen Sie dafür sorgen, daß er, wenn Sie Besuch haben, nicht von allen freundlich begrüßt wird. Er erweitert sonst einfach sein Rudel auf Passanten und Gäste, bis schließlich alle Menschen dazugehören. Dann wird er auch später keinen Unterschied zwischen Fremden und Bekannten machen und einen etwaigen Einbrecher unter Umständen schweifwedelnd begrüßen, statt ihn zu verbellen und anzugreifen. Sorgen Sie also dafür, daß Ihr Hund

keine Beziehungen zu anderen Menschen aufnimmt, auch wenn Sie Gäste im Haus haben. Selbstverständlich heißt das nicht, daß er Ihre Gäste zähnefletschend aus dem Haus treiben, sondern nur, daß er sie dulden, aber nicht mit ihnen Kontakt aufnehmen soll.
Umgekehrt ist es genauso. Wenn Sie einen zu jeder Person freundlichen Schmusehund wollen, zeigen Sie ihm von Anfang an, daß alle Menschen seine Kameraden sind. Dann ist sein Platz, wenn Besuch kommt, mitten im Geschehen, dann sollten die Kinder aus der Nachbarschaft, Ihre Freunde und Bekannten ihn streicheln, mit ihm schmusen und spielen, soviel sie wollen.

Lassen Sie den Junghund beim Spaziergang nicht nur frei laufen, sondern nehmen Sie ihn zwischendurch immer mal kurz an die Leine

Gewöhnen an die Leine

Auch wie gut und wie gerne der Hund an der Leine geht, entscheidet sich in den ersten Tagen. Die Leine ist für jeden Hund zunächst einmal der verlängerte Arm des Menschen, er empfindet sie als Schutz und Sicherheit. An der Leine sind Hunde deshalb viel selbstbewußter. Gewöhnen Sie Ihren Hund, auch den Junghund, sofort daran, nur mit Leine auszugehen, dann verbindet er damit die Sicherheit, die Sie ihm schenken können. Wer Junghunde dagegen wochenlang ohne Leine laufen läßt, wird später Schwierigkeiten haben, einen leinenführigen Hund zu erhalten. Denn dann ist die plötzliche Führung für ihn Zwang und Strafe.
Denken Sie beim Junghund daran, daß der Kleine noch wächst und zumindest das Halsband zu eng wird und unter Umständen erneuert werden muß. Zu locker darf es natürlich auch nicht sein, denn dann schlüpft der Knirps heraus und entwischt Ihnen.
Wenn Sie gerade in der ersten Zeit konsequent sind, wird Ihr neuer Hausgenosse bald die Grundbegriffe des Hunde-Knigge gelernt haben, und einem harmonischen Zusammenleben steht nichts im Wege.

Das leibliche Wohl

Die Liebe geht durch den Magen

Bisher war fast nur von der Psyche des Hundes, seinem Charakter und seinen Eigenschaften die Rede. Aber nur ein gesunder, richtig ernährter und gepflegter Hund macht seinem Besitzer wirklich Freude und wird ihm ein ausgeglichener und gutgelaunter Begleiter sein. Das leibliche Wohl des Ihnen anvertrauten Tieres sollten Sie nicht vergessen, und das fängt mit der Ernährung an.

Richtige Hundeernährung

Sicher haben Sie vom Vorbesitzer oder vom Züchter bereits Anregungen zur Fütterung Ihres Hundes erhalten. Ist Ihr Neuer ein Junghund, verteilen Sie die Gesamtmenge an Futter auf drei bis vier Portionen am Tag. Denn so ein kleiner Kerl hat auch noch einen kleinen Magen und braucht, um richtig gedeihen zu können, mehrmals am Tag etwas zu fressen. Und achten Sie bei einem Junghund, der ja noch im Wachsen ist, besonders sorgfältig auf die Zusammensetzung der Nahrung, die alle wichtigen Nähr- und Aufbaustoffe enthalten muß, damit der Kleine sich optimal entwickelt. Besonders bei großen, schweren Hunderassen ist das sehr wichtig, denn Ernährungsfehler in der Jugend führen zu Wachstums- und Entwicklungsstörungen, die nie wieder reparabel sind. Gewöhnen Sie den Kleinen von Anfang an an regelmäßige Futterzeiten, dann stellt sich auch der Magen darauf ein, und der Hund neigt später weniger zum Betteln. Erwachsene Hunde füttern wir hier in Antonienwald, wo die Hunde überwiegend mit hochwertigem Eiweiß ernährt werden, in der Regel nur einmal pro Tag, das hat sich bewährt. Wer seinen Hund aber mit Dosen- und Trockenfutter ernährt, das meist nicht so gehaltvoll ist, sollte lieber zwei Mahlzeiten pro Tag anbieten.

Jeder Hund braucht Fleisch, Gemüse, Getreide, Mineralien, Vitamine und Spurenelemente. Ob Sie Ihrem Vierbeiner seine täglichen Rationen selbst zusammenstellen – also Frischfleisch mit Gemüse kochen und mit Flocken anreichern – oder ob Sie auf die im Fachhandel angebotenen Fertigprodukte ausweichen, bleibt Ihnen überlassen. Auf jeden Fall sollte ein richtig gefütterter Hund sein Gewicht halten, also weder stark zu- noch abnehmen.

Die Menge des Futters richtet sich einmal nach der Größe beziehungsweise dem Gewicht Ihres Hundes, zum anderen nach seiner Lebensweise. Ein Vierbeiner, der täglich neben dem Fahrrad hertrabt, braucht mehr Energie als einer, der nur schnell mal um die Ecken geführt wird. Körperliche Anstrengungen verbrauchen beim Hund genau wie beim Menschen sehr viel Kalorien.

Füttern Sie nicht unmittelbar vor dem Spaziergang. Nach dem Fressen möchte ein Hund eigentlich erst einmal – satt und zufrieden, wie er ist – schlafen. Gönnen Sie ihm also die Ruhepause.

Einen festen Futterplatz und eine eigene Futterschüssel sollte jeder Hund haben

Futter wegnehmen

Gewöhnen Sie Ihren Hund von Anfang an daran, daß Sie ihm das Futter auch wegnehmen können, das kann lebensrettend werden, wenn er einmal etwas verschlingen will, das giftig ist. Am einfachsten geht das, wenn Sie ihm seine Futterschüssel überreichlich füllen, ihn sich satt fressen lassen und ihm dann den nicht ganz geleerten Napf wegnehmen. Er empfindet das dann nicht als Raub und verteidigt sein Futter nicht, ein Verhalten, das für einen Hund ganz normal ist und mit dem Sie rechnen müssen. Kämpfen Sie aber nicht um einen Knochen mit ihm, und entreißen Sie ihm nie einen Leckerbissen nur so zum Spaß. Diesen Spaß wird Ihr Hund nicht verstehen. Er muß aber trotzdem lernen, daß Sie das Recht haben, ihm die Nahrung wegzunehmen, und daß er das hinnehmen muß. Geben Sie ihm, wenn Sie ihm einen Brocken entwendet haben, sofort eine Futterbelohnung, dann verbindet er mit dem Wegnehmen nichts Böses, sondern folgert, daß dem »Futterraub« ein saftigerer Happen folgt.

Nichts von Fremden annehmen

Nach dem gleichen Prinzip können Sie ihm, wenn Sie das wollen, beibringen, daß er von anderen kein Futter nehmen darf. Dafür brauchen Sie aber etwas Geduld. Bleiben Sie dabei, wenn ein Bekannter Ihrem Hund einen Leckerbissen so anbietet, daß der Hund ihn zwar riechen, aber nicht erreichen kann.

Wenn er versucht, an den Leckerbissen zu kommen, schütteln Sie ihn kurz (Näheres dazu siehe Seite 101), nehmen das Futter weg und geben ihm statt dessen etwas anderes aus Ihrer Hand. Wiederholen Sie diese Übung so oft, bis er kapiert hat, was Sie von ihm wollen, und sich erst gar nicht mehr für Futter aus fremder Hand interessiert.

Sehr schwer ist es, einem Hund abzugewöhnen, Brocken, die er auf der Straße findet, aufzunehmen. Sie erreichen es am ehesten, wenn Sie grundsätzlich nur an einem bestimmten Platz füttern und alles andere verbieten. Diese Methode hat allerdings den Nachteil, daß Ihr Hund möglicherweise auf einer Reise zunächst sein Futter verweigert oder, wenn Sie umziehen, erst wieder langsam an seinen neuen, festen Platz gewöhnt werden muß. Das vermeiden Sie, wenn Sie ihn nicht an einen festen Futterplatz, sondern an ganz bestimmte Futterschüsseln gewöhnen.

Bei uns war einmal ein Foxterrier im Internat, der so fixiert auf seine weiße Futterschale war, daß er die besten Leckerbissen verschmähte, wenn sie ihm in einer andersfarbigen Schüssel angeboten wurden. Ein solcher Hund wird nie naschen. Ganz anders ein Spitz namens Floh, der wegen seiner unbezähmbaren Naschlust bei uns war. Er konnte nichts Freßbarem widerstehen und stiebitzte jeden Wurstzipfel, den er erhaschen konnte. Floh hatte aber noch ein Hobby: Er fing für sein Leben gerne Fliegen. Wir staunten oft, wie geschickt er sich dabei anstellte. Die Erziehung bei uns machte gute Fortschritte. Bald saß Floh brav und ruhig vor jedem Leckerbissen und wartete, bis wir seine Standhaftigkeit mit einem anderen Happen belohnten. Bis sich eines Tages eine Fliege auf die Wurst setzte. Blitzschnell schnappte der Spitz zu, und wir mußten ohnmächtig zusehen, wie er genüßlich die Wurst verschlang. Fliegenfangen hatten wir ihm schließlich nicht abgewöhnt, und was konnte er dafür, daß sein Opfer sich ausgerechnet auf einem Stück Wurst niedergelassen hatte?

Das leidige Problem Betteln

Wir wissen ja, wie fein die Hundenase ist, und so ist es kein Wunder, daß der Duft des Sonntagsbratens jeden Hund unwiderstehlich anzieht. Ich kenne viele Hundebesitzer, die es süß finden, wenn

Wenn Sie Ihren Hund bei Tisch füttern, wird er sich das Betteln schnell angewöhnen

der Hund bettelt, und ihm gerne etwas vom eigenen Menü spendieren. Aber was zunächst ganz putzig angefangen hat, kann schnell zur Plage werden, denn der Hund denkt nach kurzer Zeit, daß er immer etwas vom Tisch bekommt. Und dann sitzt er bei jeder Mahlzeit neben dem Tisch und verfolgt jeden Bissen mit den Augen. Meist rinnt ihm auch noch aus Vorfreude auf die kommenden Genüsse der Speichel aus dem Maul. Spätestens dann wird den meisten Besitzern die Bettelei lästig.
Wenn Sie also nicht wollen, daß Ihr Hund bei Tisch bettelt, müssen Sie es von vornherein unterbinden. Am besten reichen Sie ihm, wenn er, vom verführerischen Duft angelockt, zum Tisch kommt, ein Stück Zitrone oder Zwiebel. Er begreift sehr schnell, daß das, was da so verlockend riecht, abscheulich schmeckt und daß Menschenessen nichts Begehrenswertes ist. Steht gleichzeitig sein gefüllter Freßnapf in der Küche, wird er bestimmt befriedigt ans Gewohnte gehen und das Betteln nicht für notwendig halten.
Viel schwerer ist es, dem Hund, der sich das Betteln bei Tisch angewöhnt hat oder erfahren hat, wie schmackhaft unser gewürztes Essen ist, die Unsitte wieder abzugewöhnen. Denn Hunde sind sehr viel ausdauernder und geduldiger als wir Menschen. Sie können stundenlang mit gierigem Blick zu unseren Füßen liegen, winseln, fiepen, bis wir schließlich die Geduld verlieren und nur dieses eine Mal nachgeben und ihm ein Stückchen zustecken.
Da helfen also nur Nervenstärke und Konsequenz. Und wenn Sie es gar nicht mehr aushalten, geben Sie ihm statt des erwarteten Leckerbissens die erwähnten Zitronen- oder Zwiebelstücke.

Pflegemaßnahmen

Je nach Hunderasse haben Sie mit der Pflege Ihres Lieblings viel oder wenig Arbeit. Langhaarige Rassen zum Beispiel müssen täglich gebürstet werden oder – wie zum Beispiel Pudel – regelmäßig zum Hundefriseur. Rassen mit langen Schlappohren brauchen sorgfältige Reinigung der Ohren, bei anderen Rassen sind es die Augen, die besondere Pflege erfordern, und so weiter. Berücksichtigen Sie die Zeit und den Aufwand für die Pflege vor der Anschaffung des Tieres, und wenn Sie feststellen, daß Sie dafür nur wenig Zeit erübrigen können, wählen Sie eine Rasse, die in dieser Beziehung keine oder nur geringe Ansprüche stellt.

Fellpflege

Vor allem die langhaarigen Hunderassen brauchen täglich Kamm und Bürste, wenn das Fell schön glänzen und nicht

Langhaarige Hunderassen wie dieser Collie müssen regelmäßig gebürstet werden, damit das Fell nicht verfilzt

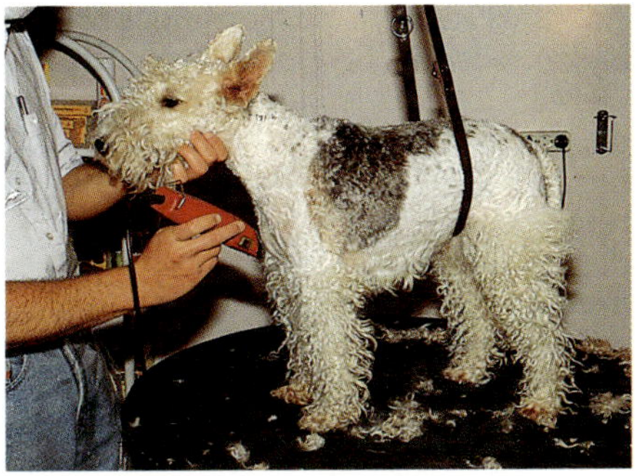

Viele Rassen wie etwa dieser Foxterrier müssen regelmäßig zum Trimmen zum Hundefriseur

verfilzen soll. Collies und Setter, um nur zwei Rassen zu nennen, sollten täglich fünf Minuten gebürstet und gekämmt werden. In den seidigen Bauchhaaren verfangen sich nämlich Schmutz und Pflanzensamen, und sehr ungepflegte langhaarige Hunde weisen schließlich ein so stark verfilztes Fell auf, daß sie geschoren werden müssen. In besonders krassen Fällen verwachsen solche Verfilzungen mit der Haut, und der Tierarzt muß eingreifen. Ersparen Sie sich und dem Hund Leid und Ärger und nehmen sich täglich die Zeit zur Fellpflege, die die Hunde, die daran gewöhnt sind, bald als geliebte Streichelstunde ansehen werden.

Andere stock-, rauh- oder drahthaarige Rassen müssen zwei- bis dreimal jährlich geschoren werden. Spezialhundesalons bieten hier ihre Dienste an. Das Trimmen, vor allem bei vielen Terrierarten üblich, ist wie das Scheren der Mode unterworfen. Beim Trimmen werden bestimmte Körperpartien durch die korrekte »Frisur« betont. Das fachmännische Trimmen sollte man den Hundesalons überlassen, die auf speziellen Frisiertischen mit Spezialrasierapparaten, Scheren und Kämmen den Hund fachgerecht frisieren. Achten Sie bei der Anmeldung bei einem Hundesalon darauf, daß es dort auch Fachleute für die entsprechende Rasse gibt. Nicht jeder, der einen Pudel dem Standard entsprechend herrichtet, kann auch den West Highland White Terrier korrekt trimmen. Ob Ihr Hund zu denen gehört, die geschoren beziehungsweise getrimmt werden sollten, sagt Ihnen der Züchter oder der Vorbesitzer. Meist kann er Ihnen auch den entsprechenden Hundesalon empfehlen. Bei vielen Rassen ist weder Scheren noch Trimmen, weder Kämmen noch Bürsten notwendig. Schaden kann es aber nicht.

An der Frage: »Soll man einen Hund baden oder nicht?« scheiden sich die Geister. Ich kenne viele Menschen, die das Baden eines Hundes für schädlich halten. Das ist aber nach neuerer Erfahrung Unsinn. Die vielen weißen Pudel, die 15 Jahre und älter sind und noch immer ein glänzendes, gesundes Fell aufweisen, obwohl sie pro Woche einmal gebadet werden, beweisen das Gegenteil. Baden schadet nicht, wenn Sie dazu kein Shampoo für Menschen, sondern ein Spezialshampoo für Hunde, ersatzweise Babyshampoo benutzen.

Wenn Sie Ihren Hund baden, nehmen Sie nur speziell dafür ausgewiesene Shampoos

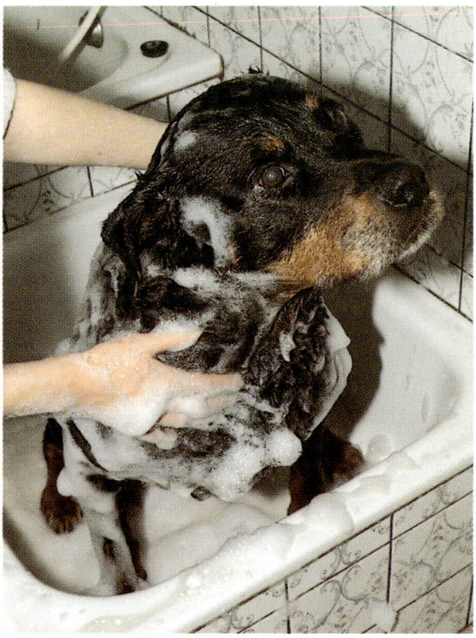

Diese alkalifreien Badezusätze, die die Schleimhäute nicht reizen, greifen auch die empfindliche Hundehaut und das Fell nicht an. Wer einen reinen Wohnungshund hat, der vielleicht noch langhaarig ist, kommt ums Baden gar nicht herum, wenn er nicht will, daß sich in der ganzen Wohnung Hundegeruch breitmacht. Und es ist leider eine Tatsache, daß sich auch die edelsten Rassen leidenschaftlich gerne in übelriechendem Schmutz wälzen. Vor allem die Hinterlassenschaften von Kühen und Pferden, Mist und Aas haben es den Hunden angetan. Nach einem solchen Duftbad mag der Hund für seine Nase zwar köstlich riechen, aber die menschlichen Besitzer teilen diese Ansicht selten. Da hilft nur Baden.

Zu uns kam vor ein paar Jahren eine Dame mit einem Bullterrier, die sehr unsicher war, ob wir ihren Liebling überhaupt im Internat aufnehmen würden. Er würde so einen penetranten Geruch verströmen. Der Züchter hätte ihr gesagt, das sei Wildgeruch. Wir nahmen den Hund. Und nach einem gründlichen Bad, dem ersten in seinem Leben, war der Geruch für immer verschwunden.

Krallenpflege

Bei einigen Jagd- und Rennhunderassen wachsen die Krallen so lang, daß die Hunde beim Laufen Schmerzen haben. Wenn die Nagelspitze beim normalen Lauf immer wieder laut gegen den Boden schlägt, wenn vielleicht die Fußballen sich sogar krümmen oder die Nägel

Bei allen langohrigen Rassen wie diesem Bassett gehört das Reinigen der Ohren zum Pflegeprogramm

beginnen, schief zu wachsen, ist es höchste Zeit, die Krallen zu feilen oder abzuschneiden. Ich warne allerdings vor übertriebenem Krallenschneiden, weil die gekürzten Krallen immer schneller und härter nachwachsen. Besser ist es, für natürliche Krallenabnutzung zu sorgen, indem Sie zum Beispiel mit Ihrem Hund öfter über asphaltierte Wege laufen. Wenn geschnitten werden muß, achten Sie darauf, daß Sie die Blutgefäße nicht verletzen. Bei Hunden mit schwarzen Krallen, bei denen die Blutgefäße nicht zu erkennen sind, sollten Sie das dem Tierarzt überlassen.

Ohrenpflege

Vor allem die lang- und schlappohrigen Hunderassen brauchen regelmäßige Ohrenreinigung. Unter dem Schlappohr ist immer leicht feuchtes, warmes »Klima«, ein idealer Nährboden für Krankheitserreger wie zum Beispiel Milben. Lassen Sie sich das erste Mal vom Tierarzt zeigen, wie Sie die Ohren gründlich reinigen können, ohne dem Hund dabei weh zu tun.
Aber auch bei anderen als langohrigen Rassen gehört die regelmäßige Kontrolle der Ohren auf Sauberkeit zur selbstverständlichen Pflege, und auch hier ist bei Verschmutzung eine Reinigung angezeigt.

Auslauf und Bewegung

Alle Hunde brauchen, um gesund und ausgeglichen zu sein, regelmäßige Bewegung. Nicht nur, um sich zu entleeren, sondern auch um Anregungen und Abwechslung zu haben. Tägliche Spaziergänge mit dem Liebling gehören deshalb zum selbstverständlichen Muß eines jeden Hundebesitzers. Wer ein Haus mit Garten hat, kann den Hund natürlich auch im Garten laufen lassen, was besonders an verregneten Tagen eine erhebliche Erleichterung ist, denn

Viele Hunde sind ausgesprochene »Wasserratten«, die keine Pfütze und keinen Bach auslassen

um sein Geschäft zu erledigen, muß der Hund bei jedem Wetter vor die Tür.
Wie ausgeprägt das Bewegungsbedürfnis eines Hundes ist, hängt von seinem Körperbau, der Rasse, seinem Gesundheitszustand und seinem Alter ab. Es gibt Rassen, wie etwa der Mops, die es langsam und behäbig schätzen, und andere Rassen, wie etwa der Dalmatiner oder alle Windhunde, die viel und schnelle Bewegung einfach brauchen, um sich wohl zu fühlen. Bedenken Sie also vor der Anschaffung eines Hundes, ob Sie täglich Zeit und Lust für ausgedehnte Spaziergänge haben oder wenigstens einen großen Garten besitzen, wo der Hund sich austoben kann. Wenn das nicht so ist, wählen Sie lieber eine Rasse mit nicht so ausgeprägtem Bewegungsdrang wie zum Beispiel die Boxer. Wie lange und wie oft ein Hund spazierengehen will, ist außerdem eine Frage der Gewöhnung. Wenn Sie in der ersten Begeisterung über den Neuen fünf- bis sechsmal täglich mit ihm Gassi gehen und vielleicht auch noch mit ihm joggen oder Fahrrad fahren, dürfen Sie sich nicht wundern, wenn er das dann für sein gutes Recht hält, auf dem er dann auch noch besteht, wenn Ihnen vielleicht schon längst die Lust oder die Zeit ausgegangen ist. Eine solche plötzliche Umstellung bringt immer Probleme, denn der Hund hat sich nicht nur psychisch an viel Bewegung gewöhnt, auch seine Organe – hier besonders Herz und Lungen – sind auf Hochleistung eingestellt und brauchen sie, um leistungsfähig zu bleiben. Wenn also abzusehen ist, daß große Spaziergänge bei Ihnen eher die Ausnahme sind, gewöhnen Sie Ihren Hund gar nicht erst daran. Wenn der Hund nicht darauf trainiert ist, fühlt er sich nämlich genauso wohl, wenn er den Tag abwechslungsreich mit seinem Herrn verbringen kann. Für ihn ist es ebenso spannend, einen Waldspaziergang zu machen, wie im Café unter dem Tisch zu liegen und die vielen Eindrücke, die ein fremder Ort, neue Menschen und vielleicht noch andere Hunde mit sich bringen, zu sammeln.

Die Hundewiese

Natürlich sollte jeder Hund gelegentlich auch mal rennen und sich austoben dürfen, besonders wenn es sich um einen reinen Wohnungshund handelt. Hundebesitzer, die in der Stadt wohnen oder die körperlich nicht in der Lage sind, lange Spaziergänge zu machen, können mit ihrem Vierbeiner auf eine Hundewiese, die es inzwischen in vielen öffentlichen Parks gibt, gehen. Hier trifft der Hund Artgenossen, mit denen er spielen und toben kann. Gehört er zu den unverträglichen Typen, die mit anderen Hunden immer Streit bekommen, werfen Sie Stöckchen oder Bälle und animieren ihn so zum Toben. Aber achten Sie auch beim Spielen darauf, daß Sie das Sagen behalten und der Hund den Stock oder Ball auch wieder hergibt, wenn Sie es wollen. Ein Hund kann nämlich nicht unterscheiden, was Spiel und Ernst ist, und wird sich nur merken: »Ich brauche etwas, das ich erobert habe, nicht herzugeben!« Wenn Sie dann versuchen, ihm Dinge, die er nicht haben soll oder die vielleicht sogar gefährlich für ihn sind, wegzunehmen, werden Sie große Probleme haben, wenn Sie es nicht beim Spiel schon geübt haben.

Auslauf im Garten

Wenn Sie einen Garten haben, in dem der Hund rennen und toben kann, erübrigt sich ein regelmäßiges Spazierengehen. Wenn Sie Ihren Hund allerdings allein und unbeaufsichtigt in den Garten lassen wollen, sollten Sie ein paar Vorsichtsmaßnahmen treffen. Am wichtigsten ist ein fester Zaun, der unten gut abschließt, so daß der Hund sich nicht durchbuddeln kann. Die Höhe ist dabei nicht so entscheidend. Aber ermutigen Sie Ihren Hund nie, über den Zaun zu springen, denn wenn er das einmal kapiert hat, wird er es immer wieder tun. Kommt Ihr Hund aber von allein auf die Idee, daß er den Zaun überspringen kann, ist es nicht unbedingt erforderlich, ihn zu erhöhen, was ja aus optischen Gründen auch nicht immer möglich ist. Genauso wirksam ist es, wenn Sie den Zaun nach innen abschrägen.

Ist Ihr Garten groß genug, sollten Sie den Hauseingang so abtrennen, daß er nicht zum Auslauf des Hundes gehört. Dann brauchen Sie nämlich nicht jedesmal nach draußen stürzen, um die nichtsahnenden Besucher vor dem Hund, der sein Territorium verteidigt, zu retten. Und – wenn möglich – sollte der

Der Auslauf im Garten kann den Spaziergang durchaus ersetzen

Sportliche Hunde, die an Pferde gewöhnt sind, machen mit Begeisterung jeden Ausritt mit

Auslauf auch nicht direkt an die Straße grenzen, damit der Hund von Passanten weder geneckt noch gefüttert werden kann. Ist eine solche Abgrenzung nicht möglich, sollten Sie mit Ihren Nachbarn und vor allem mit den Nachbarskindern reden, daß sie den Hund nicht ärgern oder necken. Welche Folgen das haben kann, habe ich ja schon erzählt (siehe Seite 23).
Haben Sie eine Hündin, dürfen Sie sie während ihrer Läufigkeit auf keinen Fall allein im Garten lassen, denn in dieser Zeit entwickeln auch Hündinnen einen unbändigen Freiheits-, um nicht zu sagen Freiersdrang, und sind sehr erfinderisch, was das Entkommen angeht. Und auch die Rüden würden in Scharen kommen und mit zäher Beharrlichkeit jedes Hindernis überwinden. Davon wird jeder Besitzer einer Hündin ein Lied singen können, wenn auch wenige Rüden so erfindungsreich wie der Münsterländer Alex sind. Der stieg nämlich auf einen Schuppen und gelangte so durch ein offenstehendes Fenster im ersten Stock in das Haus seiner Angebeteten. Als die Besitzer, die ihre Hündin sicher im Haus eingesperrt wähnten, zurückkamen, war der Schreck natürlich groß.

Hunde als Fahrradbegleiter und Jogger

Viele Hundebesitzer wünschen sich ein sportliches Tier, das neben dem Fahrrad herläuft oder sie beim Joggen begleitet. Reiter hätten natürlich gerne einen Hund, der bei Ausritten mitlaufen kann. Grundsätzlich ist gegen all diese Aktivitäten nichts einzuwenden, wenn Sie ein paar Grundregeln beachten.
1. Genau wie Menschen brauchen auch Hunde regelmäßiges Training, um Hochleistungen zu erbringen. Die Länge und das Tempo der Ausflüge sollte also ganz allmählich gesteigert werden, damit der Hund Zeit hat, die entsprechende Kondition zu bekommen, ohne sich zu überanstrengen. Achten Sie immer genau darauf, ob Ihr Hund Anzeichen von Müdigkeit zeigt, und legen Sie dann entsprechende Pausen ein. Hunde neigen dazu, sich bis zur Erschöpfung zu verausgaben, nur um den Anschluß an das »Rudel« nicht zu verlieren. Es ist also Ihre Verantwortung, den Hund nicht zu überfordern. Daß solche Aktivitäten nur für körperlich gesunde Hunde in Frage

Wenn Sie Ihren Hund per Fahrrad ausführen wollen, suchen Sie sich möglichst verkehrsarme Straßen

kommen, versteht sich von selbst. Und natürlich eignen sich nicht alle Rassen als Begleiter für Fahrradfahrer, Reiter und Jogger. Ideal ist ein solcher Auslauf für alle Rassen, die viel Bewegung brauchen, also Wind- und Schlittenhunde und auch Dalmatiner, die begeisterte Reitbegleiter sein können. Nicht geeignet sind ausgesprochen kleine Hunde, die das Tempo nur mit Mühe halten können, und sehr massige, schwere Hunde wie etwa Bernhardiner. Aber auch hier kann ich kein Patentrezept geben, sondern nur jedem Hundebesitzer raten, durch genaues Beobachten selbst herauszufinden, ob ihr Hund dafür geeignet ist.

Wer aber einmal damit angefangen hat, seinen Hund zum Hochleistungssportler zu machen, muß auch die Konsequenzen tragen, und darf ihm den gewohnten Auslauf nicht von jetzt auf gleich streichen (siehe oben).

2. Neben den körperlichen Voraussetzungen sollte ein Hund, der seinen Besitzer beim Fahrradfahren, Joggen oder Reiten begleitet, auch eine gute Erziehung mitbringen, denn sonst wird der Ausflug schnell zum Streß. Ganz wichtig ist, daß der Hund auch ohne Leine sicher bei Fuß läuft und – sollte er sich doch einmal entfernen – auf Zuruf sofort kommt. Welche Gefahren sonst im Straßenverkehr gerade für Fahrradfahrer drohen, brauche ich wohl nicht weiter auszuführen.
Und da es sich natürlich nicht immer vermeiden läßt, den Hund aus Sicherheitsgründen an die Leine zu nehmen, müssen Sie als Fahrradfahrer oder Reiter das Laufen an der Leine neben Pferd oder Fahrrad an abgelegenen Plätzen mit Ihrem Hund gründlich trainieren, bevor Sie sich mit ihm in den Straßenverkehr wagen.

Abwechslung muß sein

Wie schon erwähnt, brauchen Hunde – wenn sie nicht daran gewöhnt sind – nicht unbedingt stundenlange Spaziergänge. Genauso gern, wie sie gelegentlich rennen und rasen, möchten sie bei einem Spaziergang die aufregenden Nachrichten, die für einen Hund aus den verschiedenen Gerüchen bestehen, entziffern. Jeder Hundebesitzer wird das kennen. Da bleiben die Hunde an Bäumen, an denen sich andere Hunde verewigt haben, wie angewurzelt stehen, da schnüffeln sie minutenlang eine für uns unsichtbare Spur eines Igels hinterher ... Weil wir Menschen uns nur schwer vorstellen können, wie viele Informationen ein Hund allein über die Gerüche sammelt, werden wir leicht ungeduldig, wenn er scheinbar grundlos plötzlich stehenbleibt und aufgeregt stöbert. Gönnen Sie Ihrem Hund dieses Vergnügen und die Abwechslung, und zerren Sie nicht immer ungeduldig an der Leine, wenn er irgendwo schnüffeln will. Aber lassen Sie sich auch nicht von Ihrem Hund diktieren, wo er entlanglaufen und wo er haltmachen will. Er muß immer wissen, daß Sie letztendlich das Sagen haben, auch wenn Sie ihm seinen Spaß gönnen.
Wenn Sie mit Ihrem Hund immer den gleichen Weg gehen, werden Sie bald wissen, welche die geruchlich besonders interessanten Plätze sind. Meist endet eine solche Schnüffelminute mit Beinheben bei Rüden oder Markieren bei Hündinnen. Denn Hunde hinterlassen für andere Hunde gern die Botschaft: »Ich war schon da!« – und dies geschieht mit Hilfe des Urins.
Und sorgen Sie gelegentlich mal für Abwechslung, indem Sie einen anderen als den gewohnten Weg wählen. Sie werden erleben, wie spannend Ihr Hund das Erkunden eines neuen Terrains findet. Läuft er sonst ruhig und entspannt neben Ihnen her, wird er auf einmal aufgeregte Kreise ziehen, ununterbrochen schnüffeln und sichern und die neuen Eindrücke gespannt aufnehmen. Nach einem solchen Spaziergang, auch wenn er körperlich nicht sehr anstrengend war, können Hunde richtig erschöpft wirken.

Das richtige Maß

Bewegung ist zwar für alle Hunde gesund und notwendig, aber auch hier gilt es, das richtige Maß zu finden. Beobachten Sie deshalb auf jedem Spaziergang, ob Ihr Hund Anzeichen von Ermüdung zeigt, und, wenn das so ist, verlangsamen Sie das Tempo, legen Sie eine Pause ein, oder kehren Sie um. Deutliche Zeichen sind:

1. Der Hund bleibt zurück, obwohl er offenbar bemüht ist, den Anschluß zu behalten.
2. Sobald Sie stehenbleiben, legt er sich unaufgefordert hin.
3. Er hechelt stark und wirkt erschöpft.

Gerade langhaarige Hunde leiden an heißen Tagen sehr unter der Hitze und sollten deshalb nur in den frühen Morgen- oder späten Abendstunden längere Spaziergänge machen. Auch Hunde mit angeborenen körperlichen Mängeln wie etwa einer Hüftdysplasie vertragen keine ausgedehnten Märsche. Trächtige Hündinnen sollten auch nur in Maßen bewegt und besonders am wilden Toben gehindert werden. Wenn Sie Ihren Hund gut kennen und genau beobachten, werden Sie selbst am besten wissen, wieviel Bewegung gut für ihn ist und wann Sie ihn überfordern.

Gesundheitsvorsorge

Wenn Sie Ihren Hund bekommen, ist er ja hoffentlich gesund und geimpft, entwurmt und ungezieferfrei. Stellen Sie ihn trotzdem Ihrem Tierarzt vor, der eine Kotprobe nehmen, Augen, Ohren, Zähne untersuchen und den Impfpaß überprüfen wird. Junghunde sollten Sie anfangs zweimal im Abstand von 14 Tagen entwurmen. Sind kleine Kinder in der Familie, empfehle ich zweimal jährlich Folgewurmkuren. Sonst genügt es, den Hund vorsorglich einmal im Jahr, am besten vor der Auffrischungsimpfung, zu entwurmen. Die Wurmkur vor der Impfung ist deshalb so wichtig, weil nur bei einem völlig gesunden Tier die Impfungen auch wirklich greifen können.

Regelmäßige Kontrolle auf Ungezieferbefall ist besonders im Sommer wichtig, denn beim Spielen mit Artgenossen können zum Beispiel Flöhe übertragen werden

Geimpft wird fünffach gegen

- Tollwut
- Leptospirose
- Parvovirose
- Staupe
- Hepatitis.

Wenn Sie mehrere Hunde halten, auf Ausstellungen gehen wollen oder in einer Gegend wohnen, in der der sogenannte Zwingerhusten grassiert, lassen Sie Ihren Hund auch gegen den Zwingerhusten impfen.
Flöhe und Zecken machen auch vor dem gepflegtesten Hund nicht halt. Vor allem nach ausgedehnten Waldspaziergängen im Sommer sollten Sie Ihren vierbeinigen Begleiter gründlich nach Zecken absuchen. Die Ungezieferhalsbänder (erhältlich im Zoofachgeschäft) haben sich als Schutz gegen Flöhe und Zecken bewährt. Achten Sie aber darauf, das Halsband vor einem Bad des Hundes im See oder Fluß abzunehmen oder später zu wechseln, denn Wasser spült die Wirkstoffe weg. Auch bei einem Spaziergang im Regen nehmen Sie das Band besser ab.
Neben Flöhen und Zecken können auch Läuse und Milben Ihren Hund plagen. Bei Verdacht auf einen solchen Befall sollten Sie Ihren Tierarzt aufsuchen, der die entsprechenden Gegenmittel verschreiben wird.
Ganz wichtig ist auch die regelmäßige Gebißkontrolle. Wenn Ihr Neuer ein Junghund ist, kann es beim Zahnwechsel passieren, daß die Milcheckzähne stehenbleiben. Sie müssen dann vom Tierarzt gezogen werden. Der Tierarzt

Bei kleinen Rassen mit langen Rücken – wie etwa bei Dackeln – kommt es oft zu Bandscheibenschäden, der sogenannten Dackellähme

wird auch bei der jährlichen Impfung das Gebiß Ihres Hundes auf Zahnstein und Zahnfleischentzündungen untersuchen. Hat Ihr Hund auffälligen Mundgeruch, liegt es meist an Zahnstein. Auch hier hilft nur der Gang zum Tierarzt.
Wie Sie überhaupt bei dem Verdacht, daß Ihr Hund krank ist, am besten immer sofort mit ihm zum Tierarzt gehen sollten, denn je eher eine Krankheit er-

kannt und behandelt wird, desto größer sind die Heilungschancen. Im Lauf der Zeit werden Sie Ihren Liebling so genau kennen, daß Ihnen ein verändertes Verhalten, das auf eine Erkrankung hindeuten kann, sofort auffällt. Mögliche Alarmzeichen sind plötzliche Apathie, längere Appetitlosigkeit, eine trockene, heiße Nase, ständiges Erbrechen nach der Nahrungsaufnahme, Durchfall, der länger als drei Tage anhält, andauernder trockener Husten.

Verweigert Ihr Hund dagegen einmal sein Futter, muß das nichts Ernstes sein, wenn er die nächste Mahlzeit wieder mit Appetit verschlingt. Ach wenn er ein- bis zweimal am Tag niest, ist das noch kein Anzeichen für eine Krankheit. Wir wissen ja, wie sensibel und reizbar die Hundenase ist.

Bei hochbeinigen, schweren Hunden besteht oft die Gefahr einer Hüftdysplasie. Der Deutsche Schäferhund, die Deutsche Dogge, auch der Dobermann und der Bernhardiner gehören zu den gefährdeten Rassen. Ursache für die Erkrankung ist, daß die Hüftpfanne, in der der Kopf des Oberschenkelknochens ruht, manchmal – das kann erblich bedingt sein – zu flach ist. Der Kopf, ein runder Knorpel, reibt dann bei jeder Bewegung, verändert sich dadurch und entzündet sich schließlich. Schlimmstenfalls springt der Kopf sogar aus der Pfanne. Die starke Beanspruchung des Hüftgelenkes, die den großen Hunden durch ihr Gewicht gegeben ist, erhöht die Gefahr einer Entzündung noch. Der Tierarzt kann Ihnen nach einer Röntgenaufnahme sagen, wie gefährdet Ihr Hund ist. Plötzliche Lahmheit oder Schmerzenslaute nach dem Aufstehen können Signale für diese schmerzhafte Gelenkerkrankung sein, die man leider nicht vorbeugend behandeln kann.

Bei kleinen Hunden mit einem langen Rücken, wie etwa Dackel, ist dagegen die Wirbelsäule gefährdet. Wir kennen die immer wieder auftretenden Bandscheibenschäden als »Dackellähme«. Neben dem Dackel gilt der Bassett als anfällig. Besonders Treppensteigen beansprucht die Wirbelsäule sehr stark, so daß Sie als Hundebesitzer darauf achten müssen, daß Ihr Hund möglichst selten Treppen steigen muß. Wenn Sie im vierten Stock wohnen, sollten Sie Ihren Dackel deswegen entweder tragen oder mit ihm Aufzug fahren. Alarmsignale für die Dackellähme sind plötzliches Hinken oder der Versuch, die Hinterbeine möglichst oft zu entlasten. Auch hier gilt wie bei jedem Verdacht auf eine Erkrankung: sofort zum Tierarzt.

Glücklicherweise sind die meisten Hunde sehr robust, und bei guter Pflege und Ernährung werden Sie den Tierarzt nur für die Impfungen brauchen.

Das Zusammenleben mit einem Hund

Erziehung statt Drill

Wer auf den folgenden Seiten eine Gebrauchsanweisung, wie er seinen Hund erziehen soll, sucht, wird enttäuscht werden, denn ein Patentrezept, das für alle Hunde gilt, gibt es nicht. Einen Bullterrier können und müssen Sie zum Beispiel härter anfassen als ein Yorkshire. Ein Hund aus dem Tierheim, der vielleicht noch nie in seinem Leben wirklich Zuwendung erfahren hat, kann durch einen sanften Tadel völlig am Boden zerstört sein, während ein verwöhnter Junghund, der nur Liebe und Zuneigung kennt, davon ganz unberührt bleibt. Es kommt also immer auf den Hund, seinen Charakter, seine Persönlichkeit und seine bisherigen Erfahrungen an. Das A und O jeder Hundeerziehung ist deshalb, daß sie auf den Hund und seine Möglichkeiten zugeschnitten sein muß, daß wir also nur etwas vom Hund verlangen, was er tatsächlich leisten kann. Um das zu beurteilen, müssen Sie Ihren Hund mit seinen Stärken und Schwächen aber genau kennen. Wenn Sie sich einen Hund ins Haus holen, sollten Sie ihn deshalb in der ersten Zeit genau beobachten. Ist er eher ängstlich und vorsichtig, oder haben Sie einen Draufgänger bekommen? Nähert er sich anderen Hunden freudig und ohne Arg, oder zeigt er Furcht und Mißtrauen? Ist er eher gelassen und beschaulich und läßt sich so schnell nicht aus der Ruhe bringen, oder haben Sie einen nervösen Zappelphillipp? Würde er am liebsten allem, was sich bewegt, hinterherhetzen und kann vom Rennen gar nicht genug kriegen, oder scheut er eher die Anstrengung? Ist er zartbesaitet und schnell zerknirscht oder robust und so leicht nicht zu beeindrucken? Ist es ein Alphatier, das sich nur ungern unterordnet, oder macht er gar keinen Versuch, die Vorherrschaft des Menschen in Frage zu stellen? Ist er ein Schmusetier, das nach Streicheleinheiten hungert, oder verlangt er eher Distanz und Respekt? Geht ihm das Fressen über alles, oder ist er wählerisch und spielt mit Aussuchen?
Wenn Sie Ihren Neuen eine Weile gut beobachten, wird sich aus vielen solcher Mosaiksteinen langsam das Bild seiner unverwechselbaren Persönlichkeit zusammensetzen. Und mit diesem Wissen werden Sie kein Problem haben, die für Ihren Hund geeigneten Erziehungsmaßnahmen zu wählen und ihm all das, was er für ein Zusammenleben mit den Menschen wissen muß, beizubringen. Wer seinen Hund kennt, wird wissen, wie er ihn loben und wie stark er ihn tadeln soll.
Bevor ich nun im einzelnen auf die Dinge eingehe, die jeder Hund nach meiner Ansicht lernen sollte, möchte ich ein paar grundsätzliche Dinge zur Hundeerziehung sagen.

Brüllen nützt nichts

Fast alle Hundebesitzer meinen, gelegentliches Anschnauzen oder gar Brüllen gehöre zur Hundeerziehung einfach

Hunde können sehr gut hören. Brüllen oder Anschreien ist deshalb völlig überflüssig

dazu. Nach unseren Erfahrungen hier im Internat ist das aber ganz falsch. Hunde können sehr gut hören – viel besser als wir Menschen – und verstehen ihren Herren, auch wenn er flüstert. Wenn sie auf im normalen Ton ausgesprochene Befehle nicht reagieren, ist die Ursache fast nie Schwerhörigkeit, sondern entweder verstehen sie nicht, was von ihnen erwartet wird, oder sie haben noch nicht gelernt zu gehorchen. In beiden Fällen nützt Brüllen aber gar nichts, im Gegenteil, das stumpft nur ab oder – bei sensiblen Tieren – verschreckt den Hund. Wir haben es in unserem Internat oft genug mit Vierbeinern, die durch zuviel Gebrüll während ihrer vorhergehenden Ausbildung völlig abgestumpft sind, zu tun. Viel erfolgversprechender als Anschreien ist nach unserer Erfahrung Geduld und so lange üben, bis der Hund kapiert hat, was Sie von ihm erwarten. Und wenn Sie einmal einen Tadel aussprechen müssen, reicht auch hier die normale Lautstärke und ein entsprechend kurzer und knapper Ton. Ihr Hund wird auch diesen Tonfall schnell begreifen und darauf reagieren. Auf jeden Fall wird er nicht vor lauter Angst, sonst angeschrien zu werden, parieren, sondern freiwillig und mit Spaß gehorchen. Und nur Hunde, deren Persönlichkeit nicht unterjocht oder gebrochen wird, bewahren ihre Eigenständigkeit und werden mit Eifer und Freude bei der Sache sein.

Lernen Sie loben!

Leider ist es heute so, daß die meisten Leute nicht gelernt haben zu loben. Ob Lehrer, Eltern, Chefs – meist fällt es allen viel leichter, einen Tadel auszusprechen als ein Lob. Hundebesitzer sind hier keine Ausnahme, weswegen ich die Bedeutung und die Wichtigkeit des Lobes für die von mir praktizierte Art der Hundeerziehung noch einmal herausstellen möchte. Wie Sie Ihren Hund loben und belohnen, wenn er etwas gut gemacht hat, ist dabei relativ egal und hängt ja auch von der Situation ab, aber wichtig ist immer, daß Sie das Lob auch ernst meinen. Hunde verstehen zwar nicht, was wir sagen, aber den »Sinn« bekommen sie ganz genau mit. Wenn Sie sich auch über kleine Fortschritte freuen können und von Ihrem

Hund keine Wunder erwarten, wird es Ihnen nicht schwerfallen, die Leistungen Ihres Schülers zu würdigen.
Sehr beliebt und von fast allen Hunden problemlos als Belohnung akzeptiert sind kleine Leckerbissen wie etwa Hundekuchen, die Sie auch ohne Schwierigkeiten mit auf einen Spaziergang nehmen können. Allerdings sollten Sie nicht den Fehler machen, den Hund immer mit einer Leckerei zu belohnen, denn dann kann er leicht zu der Ansicht gelangen, es sei sein gutes Recht, immer etwas zu fressen zu bekommen, und dieses Recht dann einfordern.
Eine ganz wichtige Belohnung ist auch Ihre Stimme. Worte wie: »Brav, das hast du gut gemacht, schön!« wird Ihr Hund bei dem entsprechenden Tonfall auf Anhieb verstehen.
Natürlich gehört auch Streicheln zum Lob. Auch innerhalb eines Rudels haben die einzelnen Mitglieder viel Körperkontakt, und die streichelnde Hand ersetzt diese Sozialgesten.
Finden Sie heraus, wie Ihr Hund am liebsten gestreichelt wird, denn auch hier gibt es individuelle Unterschiede, wie unsere Untersuchungen ergeben haben. So mochten 81% unserer Hunde es besonders gern, wenn sie hinter den Ohren und im Nacken gekrault wurden, 37% legten sich auf den Rücken, um am Bauch gekrault zu werden, 32% genossen es besonders, wenn man ihren Rutenansatz kraulte. Erstaunlicherweise liebten es nur 18% unserer Hunde, auf den Brustkorb geklopft zu werden. Diese Tiere hatten übrigens fast alle ein eher kameradschaftliches Verhältnis zu Menschen. Und immerhin 3% unserer Tiere waren so starke Persönlichkeiten, daß sie sich aus Streicheln nichts machten, auch wenn sie es gnädig duldeten.

Die meisten Hunde brauchen Körperkontakt und werden gern gestreichelt

Das Erziehungshalsband

Natürlich kommt man in der Hundeerziehung nicht ganz ohne Strafen aus, aber auch die sollten so hundegerecht wie möglich sein. Deshalb ist die einzige Strafe, die ich akzeptiere, das Schütteln am Hals. Das kommt der Bestrafung durch die Mutterhündin, die ihre Kleinen zurechtweist, indem sie sie am Nakkenfell packt und kräftig schüttelt, am nächsten. Erst wenn die Kleinen auf die-

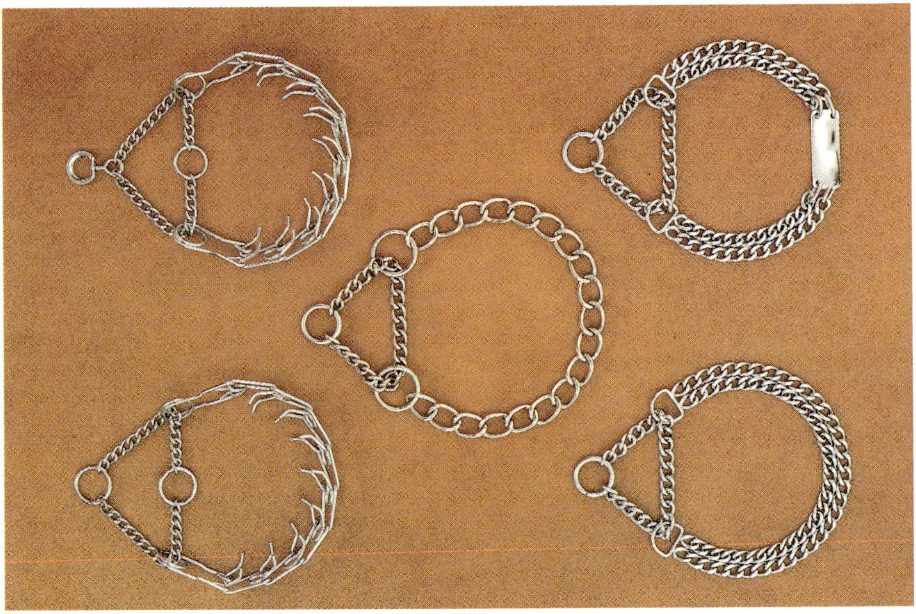

Verschiedene Erziehungshalsbänder

sen Schütteldruck hin noch immer nicht gehorchen, zwickt die Mutter auch schon mal zu. Wenn Sie Ihren Hund bekommen, hat er diese Lektion: »Wenn ich am Hals gepackt und geschüttelt werde, ist das das Zeichen, daß ich etwas nicht tun soll!« schon gelernt. Deshalb ist der Einsatz des Erziehungshalsbandes, das diesen Schütteldruck imitiert, auch so wirkungsvoll. Wir benutzen in unserem Hundeinternat dieses Halsband seit Jahrzehnten, und ich kann es allen Hundehaltern nur empfehlen. Solche Erziehungshalsbänder mit der dazugehörigen Leine können Sie in jedem guten Fachgeschäft kaufen. Das Erziehungshalsband besteht in der Regel aus acht Kettengliedern mit (wichtig!) abgestumpften Ecken, die einzeln verstellbar sind, und einer doppelten Kette, die durch zwei Ringe gleitet. Das Halsband hängt normalerweise locker um den Hals des Hundes. Erst durch ein kurzes Anziehen und gleich wieder Lokkerlassen der Leine zieht es sich mit einem Ruck zusammen und vermittelt dann dem Hund den gleichen »Schütteldruck«, den er schon aus seiner Kindheit kennt. Er hat deshalb auch keine Probleme, die Botschaft: »Nein, das sollst du nicht tun!« zu verstehen. Verwechseln

Sie dieses Erziehungshalsband nicht mit einem Würge- oder Stachelhalsband. Das Würgehalsband drückt auf den Kehlkopf des Hundes und schneidet ihm die Luft ab, das Stachelhalsband kann ihn sogar verletzen und fügt ihm auf jeden Fall Schmerzen zu. Beide Halsbänder lehne ich ab. Und bei richtigem Einsatz des für den Hund nicht schmerzhaften Erziehungshalsbandes sind sie auch völlig überflüssig.
Jede Art der Bestrafung außer diesem Schütteldruck lehne ich als nicht hundegerecht ab. Auch der in vielen Hundebüchern propagierte Klaps mit einer zusammengefalteten Zeitung, der viel Lärm macht, ohne dem Hund ernsthaft wehzutun, gehört dazu. Der Hund begreift die Zeitung als den verlängerten Arm des Menschen und wird höchstens Angst vor Schlägen allgemein bekommen oder – in krassen Fällen – sich sogar vor Papier und jeder Art von Rascheln fürchten. Wirklich verstehen, was Sie von ihm wollen, kann er durch Schläge aber nicht. In einem Hundeleben kommen Schläge, egal ob mit der Hand oder einem »Instrument«, nicht vor, von einem Artgenossen wird kein Hund geschlagen.
Auch das leider noch immer empfohlene Treten auf die Pfoten ist keine geeignete Bestrafung, sondern einfach Tierquälerei. Das einzige, was Sie mit Sicherheit damit erreichen, ist, daß der Hund Angst hat, in Ihre Nähe zu kommen, muß er doch immer mit einem sehr schmerzhaften Tritt auf seine Pfoten rechnen.
Wenn Sie Ihrem Hund zeigen wollen, daß er etwas falsch gemacht hat, oder Sie ihn bei einer verbotenen Handlung ertappen, geben Sie ihm einen Schütteldruck – das genügt.

Mit den Augen des Hundes gesehen

Ein weiterer Punkt ist für die richtige und problemlose Hundeerziehung wichtig: Sie sollten sich in Ihren Hund hineinversetzen, die Welt quasi durch seine Augen sehen können. Nur dann werden Sie seine Reaktionen verstehen und einschätzen können, ob er nun einfach nicht gehorchen will, oder ob Sie etwas von ihm verlangen, was er gar nicht verstehen kann. Denn auch wenn er noch so menschlich wirkt, ein Hund »denkt« und lebt als Tier.

Rangordnung im Familienrudel

Wenn ein Hund in die Familie kommt – egal ob Junghund oder erwachsenes Tier – wird er, wenn er seine neuen Rudelmitglieder kennengelernt hat, als erstes versuchen, sich einen möglichst hohen Rang in diesem Rudel zu erobern. Und Hunde sind sehr aufmerksame Beobachter, die jede Schwäche erkennen und sich jede Inkonsequenz merken. Wenn Sie zum Beispiel mit ihm spazierengehen, wird er zunächst einmal probieren, ob er oder Sie die Richtung bestimmen. Erweisen Sie sich als williges Anhängsel, das ihm dahin folgt, wo er hin will, hat er den ersten Rangordnungskampf schon für sich entschieden. Zu Hause stürzt er sich dann vielleicht auf den Stoffteddy Ihrer kleinen Tochter und fängt an, ihn tüchtig zu zerzausen. Da er Sie warnend anknurrt, als Sie versuchen, ihm das Spielzeug wegzunehmen, lassen Sie ihn gewähren. Schon hat er seinen zweiten Pluspunkt gesammelt und in seinen Augen seinen Rang im Rudel entscheidend verbessert. Ein ranghöherer Hund hätte nämlich nie geduldet, daß ein rangniedriger ihm irgend etwas – egal ob Fressen oder Spielzeug – wegnimmt, und den Herausforderer entsprechend in seine Schranken verwiesen. Bleibt diese Zurechtweisung aus, muß der Hund daraus schließen, daß er in der Rangordnung über Ihnen steht und Sie ihm deshalb nichts zu sagen haben. Er wird – besonders wenn es ein Alphatier ist – also weiter probieren, wie weit er gehen kann, und sich, wenn Sie es erlauben, schließlich als Rudelführer fühlen. Welche Probleme das mit sich bringt, soll die Geschichte von Felix, einem Foxterrier, illustrieren.

Der Foxterrier biß zuerst »nur« das Dienstpersonal. Dem schenkten die Besitzer weiter keine Beachtung, im Gegenteil, sie fanden es klug von ihrem Hund, daß er Besitzer und Nichtbesitzer auseinanderhalten konnte. Dann biß Felix die Kinder – auch hier fand man

Die Geschichte von Felix, dem Foxterrier, zeigt, was passieren kann, wenn der Hund sich als Rudelführer fühlt

sofort eine Entschuldigung: Vermutlich hätten die Kleinen, wenn auch unabsichtlich, ihm wehgetan, und er habe sich lediglich verteidigt. Aber der Foxterrier machte schließlich auch vor seinen Herren nicht halt, er biß den Vater der Familie, und erst jetzt brachten die Besitzer ihn zu uns zur Erziehung.

Den Foxl trifft keine Schuld an dieser Entwicklung, er hat getan, was im Rudel jeder Hund tut, nämlich sich einen vorderen Platz in der Rangordnung zu erkämpfen. Das ist beim Leben in einem Rudel deshalb so wichtig, weil ein hoher Rang die Chance zum Überleben und

zur Fortpflanzung verbessert (siehe Seite 12). Felix hat sich in seinem Rudel folgerichtig von unten nach oben vorgearbeitet. So hat er erst das »Personal« hinter sich gelassen, sich dann über die Kinder und den Hausherrn gesetzt, und schließlich landete er zusammen mit der Frau des Hauses, die er nie gebissen hat, auf dem ersten Rang. Als wir der Familie das klargemacht und Felix entsprechend erzogen hatten, gab es nie wieder Probleme im Zusammenleben.
Auch wenn das »Rudel« nur aus zwei Mitgliedern, also Herr und Hund, besteht, kann es zu Rangordnungsprobleme kommen, wie die Geschichte von Boxer Daniel und seinem Herren zeigt. Der Hund trug mit seinem Besitzer, einem alleinstehenden Fabrikanten, allabendlich den gleichen Machtkampf aus: Wer zuerst das Bett eroberte, durfte auch darin schlafen. Schaffte das der Boxer, knurrte er, wenn sein Besitzer sich näherte. Er hätte auch gebissen, hätte der Herr nicht nachgegeben und die Nacht auf der Couch verbracht. Lag der Besitzer bereits im Bett, trollte sich der Boxer auf die Couch. Morgens zum Frühstück waren beide wieder gleichwertige Kameraden.

Ursache und Wirkung

Machen Sie sich klar, daß Ihr Hund zwar Ursache und Wirkung miteinander verknüpfen kann, aber nur, wenn beides zeitlich unmittelbar aufeinander folgt. Ganz egal, wie ärgerlich Sie sind, weil Ihr Hund vor einer halben Stunde nicht gehorcht hat und einfach davongelaufen ist, strafen Sie ihn nicht, wenn er dann endlich wiederkommt. Ein Hund denkt und lebt nur in der Gegenwart und kann keinen Zusammenhang zu Vorgängen, die schon eine Weile vorbei sind, herstellen. Wenn Sie ihn also strafen oder tadeln, wenn er endlich zurückkommt, wird er dieses unangenehme Erlebnis nur mit dem unmittelbar vorangegangenen Geschehen in Verbindung bringen können. Statt Ihrem Hund also – wie beabsichtigt – zu übermitteln: »Du sollst kommen, wenn ich dich rufe!«, wird er

Ein Hund versteht nur Zusammenhänge, die zeitlich unmittelbar aufeinander folgen. Wenn er kommt, muß er deshalb immer gelobt werden, auch wenn er vor einer halben Stunde ausgerissen ist

verstehen: »Ich werde bestraft, wenn ich komme«, denn daß er vor einer halben Stunde ungehorsam war, hat er längst vergessen. Wenn Sie das öfter machen, brauchen Sie sich nicht zu wundern, wenn Ihr Hund jedesmal später und schließlich gar nicht mehr kommt, wenn Sie rufen. Oder er wird zu einer jener bemitleidenswerten Kreaturen, die auf den Ruf ihres Besitzers mit eingeklemmten Schwanz und eingeknickten Beinen in der sicheren Erwartung ankommen, daß gleich ein Donnerwetter losgeht.

So schwer es Ihnen also fallen mag, loben Sie das Tier, wenn es wiederkommt. Und passen Sie das nächste Mal besser auf, daß der Hund sich nicht so weit von Ihnen entfernt, daß Sie keinen Einfluß mehr haben, wenn Sie ihn herbeirufen (siehe auch Seite 109). Diese Grundregel: eine Strafe oder ein Tadel sind nur wirksam und sinnvoll, wenn sie unmittelbar auf das falsche Verhalten des Hundes folgen, sollten Sie sich gut einprägen. Dies ist der Eckpfeiler einer hundegerechten Erziehung.

Was jeder Hund lernen muß

Um zu erreichen, daß ein Hund begreift, was erwünscht und was verboten ist, haben Sie vier Mittel zur Verfügung: Lob und Tadel und – in der Steigerung – Belohnung und Strafe.
Lob und Belohnung bestätigen den Hund unmittelbar bei dem, was er gerade tut, sie ermutigen ihn und feuern ihn an.
Der kurze, knappe Tadel verunsichert ihn, läßt ihn zumindestens zögern. Er gewöhnt sich schnell daran, das zu lassen, was er eben tut, wenn ein bestimmtes Wort ihn unterbricht. Als Strafe akzeptiere ich nur den mit Hilfe des Erziehungshalsbandes zu gebenden Schütteldruck (siehe Seite 101). Diese Art der Bestrafung versteht jeder Hund sofort, da so ein artgemäßes Verhalten imitiert wird. Alle anderen Strafen wie Schlagen, Brüllen, Treten oder ähnliches sind in meinen Augen nur Tierquälerei und haben eigentlich nur den Effekt, den Hund einzuschüchtern und völlig zu verunsichern.
Wer seinem Hund dagegen jede Freiheit gönnt und ihn tun und machen läßt, was er will, bekommt deswegen keinen glücklichen Hund. Eher ist das Gegenteil der Fall. Ein so »mißachteter« Hund fühlt sich unausgelastet, er wird versuchen, durch immer neue Unarten Aufmerksamkeit zu erregen, sich selber Aufgaben suchen oder seine Familie tyrannisieren. Jede Aufgabe dagegen, die Sie ihm geben, trägt dazu bei, ihm klarzumachen, daß Sie der Rudelführer sind, daß Sie im Rang über ihm stehen, daß Sie und nicht er das Sagen haben. Haben Sie also keine Angst, konsequent Gehorsam zu verlangen. Kein Hund nimmt es übel, wenn er streng, aber

gerecht erzogen wird. Unsere Ausbilder bekommen das tagtäglich zu spüren. Meistens hängen die Hunde sehr an ihnen und zeigen das auch.
Jagdterrierhündin Gustl zum Beispiel hing schon während der Erziehungszeit bei uns wie eine Klette an ihrer Ausbilderin. Als ihre Zeit hier zu Ende war und Gustl alles gelernt hatte, brachte ihre Lehrerin sie zurück zu ihren Besitzern. Das Ehepaar lud die Ausbilderin noch zu einem Kaffee ein, man plauderte noch eine Stunde, und dann hieß es Abschied nehmen – auch für Gustl.
Später erfuhren wir vom Ehepaar den Rest der Geschichte. Die Hündin legte sich nach dem Weggang ihrer Menschenfreundin unter den Sessel, auf dem die Ausbilderin gesessen hatte und verteidigte diesen. Kein Mensch durfte sich diesem Sessel nähern, und schon gar niemand durfte sich darauf setzen. Tagelang verhinderte die Hündin die Benutzung des Sessels, dann erst fand sie sich in ihr Schicksal.

Leinenführigkeit

Das wichtigste ist zunächst, daß der Hund an der Leine geht. Ich habe vorhin schon darauf hingewiesen, wie notwendig die Leine für die Hundeerziehung ist. Deshalb ist es unerläßlich, einen Junghund schnell an die Leine zu gewöhnen. Wie sollen Sie ihn sonst dazu bewegen, eine Treppe hochzusteigen, wenn er davor Angst hat? Haben Sie ihn an der Leine, ist das einfach. Reden Sie ihm ruhig zu, und führen Sie ihn Schritt für

Die Leine ist für den Hund der verlängerte Arm seines Herrn, der ihm Schutz und Sicherheit gibt

Schritt hinauf. Loben Sie ihn jedesmal, wenn er sich vorwärts aufwärts bewegt. Wenn er merkt, daß ihm nichts passiert, wird er das nächste Mal schon mutiger sein. Überall da, wo Ihr Hund Angst zeigt, nehmen Sie ihn bitte sofort an die Leine. Das beruhigt ihn nicht nur, es verhindert auch, daß er in Panik zu fliehen versucht und möglicherweise in sein Verderben rennt.
Wenn Sie darauf achten, daß der Hund keine unangenehmen Erfahrungen mit der Leine macht, Sie ihn also nicht einfach mitzerren, wenn er Angst hat, oder aus anderen Gründen zögert, sondern ihn loben und ermutigen, wird er die

Leine schon bald zu schätzen wissen. Sie ist für einen Hund dann Ihr verlängerter Arm und vermittelt ihm Sicherheit und Schutz. Rennt er dagegen selbst ungestüm davon, zeigt ihm ein kurzer Schüttelruck, daß er das nicht darf, ohne daß er deswegen das Vertrauen in Ihren verlängerten Arm – sprich Leine – verliert.
Mit der Leine können Sie auch den Anfängen des Wilderns wehren. Jedesmal, wenn der aufgeregte Hund, weil er ein Kaninchen oder ein Vogel erspäht hat, losrennen will, geben Sie ihm einen kurzen Schüttelruck. Dieser Warnung, die Sie mit einem kurzen »Aus« verbinden sollten, muß er ja Folge leisten, wenn er angeleint ist.

Ganz wichtig ist, daß Ihr Hund lernt, auf das Kommando »Aus« jeden Gegenstand fallen zu lassen

»Aus«

Die Kombination von Schüttelruck und »Aus« verwenden Sie immer dort, wo Sie dem angeleinten Hund von Anfang an verwehren müssen, loszurasen: wenn er über die Straße will, weil drüben auch ein Hund läuft, wenn er einen Radfahrer oder Jogger verfolgen will, wenn er ein Mitglied seiner Familie erkennt und ihm quer durch den Verkehr entgegenrennen will. Genauso wichtig ist, daß der Hund lernt, auf das Kommando »Aus« alles, was er gerade im Maul hat, loszulassen. Auch für diese Übung benutzen Sie das Erziehungshalsband und den Schüttelruck.
»Aus« ist ein Kommando, das jeder Hund lernen muß. Hat er erst einmal begriffen, daß er auf »Aus« das, was er gerade tut, lassen muß, können Sie das Kommando auch ohne Schüttelruck einsetzen. Üben Sie es immer wieder, damit es sich Ihrem Hund tief einprägt.

Bei-Fuß-Gehen

Auch das Bei-Fuß-Gehen gehört zur Grundausbildung. Lassen Sie dazu Ihren Hund an der Leine neben Ihnen gehen und sagen das Kommando »Bei Fuß!«. Üben Sie immer wieder zwischendurch mit dem angeleinten Junghund. Gehorcht der Hund nicht, erhält er den Schüttelruck. Erst wenn Sie den Eindruck haben, der Hund hat verstanden, was das Kommando bedeutet, können

Das Bei-Fuß-Gehen ohne Leine sollten Sie zunächst an abgelegenen, ruhigen Plätzen üben

Sie auch ohne Leine üben. Aber wählen Sie dazu einen abgelegenen Ort, wo der Hund nicht abgelenkt wird, und vergessen Sie nicht, ihn zu loben, wenn er es richtig macht. Solche Übungen mit jungen Hunden dürfen nie lange dauern. Die Kleinen ermüden schnell, und eintönige Übungen stumpfen sie nur ab. Üben Sie lieber kurz, dafür öfter am Tag. Damit erzielen Sie bessere Erfolge. Spätestens bei diesen Übungen werden Sie entdecken, wie sehr sich das Erziehungshalsband bewährt. Wenn ein junger Hund sich kräftig ins Zeug legt und zieht, verstärkt sich bei einem normalen Halsband lediglich der Druck auf den Hals. An diesen Druck gewöhnt sich der Hund schnell. Ich kenne Hunde, die lebenslang mit aller Energie ihre Herrchen hinter sich herzogen. Beim Schüttelruck dagegen greifen Sie direkt ein, der Hund fühlt den Ruck wie das Zupakken der Mutter, unmittelbar darauf wird er durchgebeutelt. Auch das ist ihm vertraut. In der Regel erkennt er die Warnung und gibt nach.

Kommen auf Zuruf

Damit Sie Ihren Hund auch frei laufen lassen können, muß er lernen, auf Zuruf zu Ihnen zurückzukommen. Mit dieser Übung fangen Sie sobald wie möglich an, denn der Hund wird sich zunächst ganz freiwillig immer in Ihrer Nähe aufhalten, um den Anschluß an sein neues Rudel nicht zu verlieren.
Wenn Sie Ihren Junghund beim Spaziergang frei laufen lassen, wählen Sie zunächst eine einsame Gegend und achten darauf, daß er sich niemals zu weit von Ihnen entfernt. 20–30 Meter sind die Höchstgrenze. Wer glaubt, ein Hund brauche die Freiheit, sich beliebig zu entfernen, sollte sich ein Hunderudel vor Augen führen. Auch in der Meute entfernen sich die Mitglieder niemals weit voneinander, sondern halten stets Verbindung. Ihr Hund muß nun lernen, auf das Kommando »Hier« zurückzukommen. Das erreichen Sie am einfachsten durch Lob und Belohnung.
Passen Sie zunächst auf, wenn der Hund aus freien Stücken zu Ihnen kommt, und unterstützen Sie sein Kommen mit dem Kommando »Hier«. Ist er bei Ihnen, loben Sie ihn und lassen ihn

dann wieder laufen. Das nächste Mal können Sie sein Kommen mit einem Leckerbissen belohnen.
Und damit der Hund die Leine nicht als Strafe und Freiheitsberaubung erlebt, nehmen Sie ihn bei dieser Übung zwischendurch immer mal wieder kurz an die Leine und lassen ihn dann wieder laufen. Aber vergessen Sie nicht, ihn zu loben, weil er gekommen ist. So vermeiden Sie, daß sich in dem Hund die Vorstellung: »Anleinen ist gleich Ende des herrlichen Spaziergangs« entwickelt, und er sich dann nur noch ungern anleinen läßt oder auf Ihr Rufen erst kommt, wenn er sich ausgetobt hat.
Dehnen Sie auch diese Übung nicht zu lange aus, und bleiben Sie vor allem konsequent. Wenn Sie »Hier« sagen, muß der Hund kommen. Das mag anfangs ein wenig Geduld von Ihrer Seite erfordern, aber es zahlt sich aus. Hat ein Hund nämlich erst einmal gelernt, daß er weglaufen kann, ohne daß etwas passiert – und Sie können ja nicht eingreifen, wenn er zu weit entfernt ist – ist ihm das schwer wieder auszutreiben. Und sollte es doch einmal passieren, daß der Hund nicht folgt und wegläuft, vergessen Sie nicht, ihn zu loben, wenn er wiederkommt (siehe Seite 106).
Auch bei Toben auf der Hundewiese sollten Sie Ihren Hund in regelmäßigen Abständen zu sich rufen, ihn loben und erst dann wieder laufen lassen. Das ist wichtig, um die Bindung an sein Menschenrudel, also Sie und Ihre Familie, aufrecht zu erhalten.

»Sitz« und »Platz«

Mit der Übung »Sitz« dürfen Sie nicht zu früh beginnen. Für den erwachsenen Hund gehört sie zu den einfachsten Übungen, für einen quirligen Junghund ist sie nicht so leicht.
Drücken Sie ihn – bitte angeleint – sanft, aber bestimmt gleichzeitig mit Ihrem Kommando nach unten. Loben Sie ihn, wenn er sitzt. Will er nicht, geben Sie ihm einen kurzen Schüttelruck und fangen noch einmal an. Auch diese Übung sollten Sie nicht zu lange ausdehnen. Wenn Sie erreicht haben, daß der Junghund einmal sitzt, brechen Sie nach dem Lob ab und wiederholen die Übung lieber später noch einmal.
Das »Platz«, bei dem der Hund liegen soll, lehren Sie ihn auf die gleiche Weise.

»Bleib«

Später können Sie ihm auch beibringen, daß er auf »Bleib« liegen bleiben muß, obwohl Sie sich entfernen. Übertreiben Sie diese Übung niemals. Gehen Sie zunächst nur wenige Schritte weg und behalten dabei den Hund immer im Auge. Will er sich erheben, gehen Sie zurück und drücken ihn wieder hinunter. Hat er das »Bleib«-Kommando begriffen, gehört es zu den Übungen, die Sie immer wieder zwischendurch mit Ihrem heranwachsenden Hund machen sollten, weil sie ihm sehr deutlich zeigt, daß Sie der Rudelführer sind.

»Sitz« gehört zu den Übungen, die jeder Hund beherrschen sollte

Am einfachsten können Sie Ihrem Hund das Kommando »Bleib« beibringen, wenn Sie ihm einen Gegenstand zum Bewachen geben

Allein bleiben

Je eher Ihr Junghund lernt, allein zu Hause zu bleiben, desto leichter wird das Zusammenleben mit ihm. Lassen Sie ihn anfangs erst einmal im Nebenzimmer. Weisen Sie ihm einen Platz an, entfernen Sie sich, und schließen Sie die Tür. Verhält er sich ruhig, loben Sie ihn, wenn Sie wiederkommen. Fängt er an, zu jaulen oder an der Tür zu kratzen, kommt sofort Ihr »Aus« . Hat der Junghund Sie bereits voll als Rudelführer akzeptiert, wird er schnell begreifen, was Sie von ihm verlangen: ruhig sein, wenn er allein ist.
Wenn Sie das nicht üben, kann es leicht passieren, daß Ihr Hund, sobald Sie die Wohnung verlassen, bellt, jault, winselt oder gar die Einrichtung demoliert. Er weiß ja nicht, daß Sie von ihm erwarten, daß er ruhig auf Ihre Rückkehr warten soll.

Erziehung zum Wächter und Beschützer

Auch ohne eine spezielle Schutzhundausbildung wird Ihr Hund lernen, sein Familienrudel zu bewachen und – wenn nötig – zu verteidigen, wenn Sie ein paar Grundregeln beachten.
Ganz wichtig ist, daß Sie von Anfang an nicht zulassen, daß Fremde beim Spaziergang Ihren süßen Kleinen betätscheln, streicheln und mit ihm spielen. Ebenso müssen Sie dafür sorgen, daß er, wenn Sie Besuch haben, nicht von allen freundlich begrüßt wird. Er erwei-

Auch nicht direkt als Schutzhund gezüchtete Rassen wie Kleine Münsterländer können tapfere Wächter und Beschützer werden

tert sonst einfach sein Rudel auf Passanten und Gäste, bis schließlich alle Menschen dazugehören. Und wenn Sie einen zu jedermann freundlichen Hund wollen, lehren Sie ihn gleich, daß alle Menschen seine Kameraden sind. Dann ist sein Platz, wenn Besuch kommt, mitten zwischen den Gästen, dann solldie Kinder aus der Nachbarschaft, Ihre Freunde und Bekannten, ihn gleich am Anfang streicheln, mit ihm toben und spielen.

Mit ein bißchen Hundeverstand und der geeigneten Erziehung lassen sich übrigens fast alle Hunde – nicht nur Schäferhunde – zu Schutzhunden ausbilden. Wir bilden in unserem Internat seit Jahren Hunde aller Rassen erfolgreich aus. Dabei verzichten wir auf das nun allgemein übliche »Scharfmachen« und lehren die Hunde, die Situation zu erfassen und dann aus eigenem Antrieb zu handeln. Zahlreiche Beispiele beweisen den Erfolg dieser Methode.

So etwa der Dalmatiner Rex, der einen schwerbewaffneten Einbrecher stellte und ihn so lange festhielt, bis die Polizei eintraf. Oder der Münsterländer Jockel, der sein Frauchen bei einem Überfall verteidigte. Er schlug dabei nicht nur den Täter in die Flucht, sondern biß ihn auch so ernsthaft, daß dieser sich in ärztliche Behandlung begeben mußte und so gefaßt werden konnte.

Hunde und Kinder

Kinder sind für Hunde genauso Mitglieder ihres Rudels wie die Erwachsenen. Probleme, die gelegentlich im Zusammenleben von Kindern und Hunden auftauchen, sind deshalb meist Rangordnungsprobleme. Babys und Kleinkinder bilden dabei eine Ausnahme, denn in den Augen des Hundes sind sie »Welpen«, die außerhalb der Rangordnung des Rudels stehen und auf die jedes erwachsene Tier Rücksicht nimmt.

Seit Jahren beobachte ich allerdings ein mir neues Verhalten von Hunden verschiedener Rassen Kindern gegenüber.

Die Hunde schließen sich dem Säugling freundlich an, sie akzeptieren offensichtlich das Baby, das neu ins Haus kommt, und bewachen und behüten es. Bis das Kleine ins Krabbelalter kommt, sind die Hunde ihm freundlich gesonnen. Doch sobald es den Kinderwagen verläßt und die ersten Krabbelversuche auf dem Boden unternimmt, wenden sie sich ab und gehen demselben Baby, das sie vorher so heiß geliebt haben, aus dem Weg. Sie beißen nicht, sie tun ihm auch sonst nichts zuleide, sie wollen einfach nichts damit zu tun haben. Wenn das Kind dann aufrecht gehen kann, ist alles wieder in Ordnung, die Hunde schließen sich dem Kind dann wieder eng an. Solche Tiere sind nicht als kinderfeindlich einzuschätzen, meiner Überzeugung nach verwirrt sie die Tatsache, daß ein Mensch, der auch so riecht wie ein Mensch, sich auf allen Vieren fortbewegt.

Ältere Kinder betrachtet ein Hund meist als Kumpel und Spielgefährten, die seinen Rang nicht gefährden und vor denen er deshalb keinen Respekt hat. Besonders wenn ein Hund, der selbst im Flegelalter ist, in eine Familie mit aus seiner Sicht gleichaltrigen Menschen –

Das Zusammenleben von Hunden und Kindern ist kein Problem, wenn man ein paar einfache Grundregeln beachtet

Hunde und Kinder sind meist die besten Spielgefährten

also Kindern im Alter zwischen fünf und zwölf Jahren – kommt, kann das zu unangenehmen Rangordnungskämpfen führen. Es ist deshalb ganz wichtig, daß der Hund daran gehindert wird, sich ein höheren Platz in der Rangordnung als die Kinder zu erobern.
Das geht am besten, wenn er – unter Ihrer Aufsicht und Assistenz – lernt, auch die Kinder zu respektieren und auf Kommando des Kindes irgendeine Aufgabe zu erledigen. Natürlich dürfen das nur Übungen sein, bei denen körperliche Kraft keine Rolle spielt, zum Beispiel »Sitz« oder »Platz«. Sonst setzt sich möglicherweise der Hund durch und erobert so einen Rang zwischen Ihnen und den Kindern, und das wollen Sie ja gerade verhindern. Effektiver sind deshalb Übungen, bei denen eine Geste oder ein Wort genügt. Daß Sie vorher dem Hund beigebracht haben, was mit »Sitz« oder »Platz« gemeint ist, ist selbstverständlich, daß Sie jetzt darauf achten, daß er auch den Kindern gehorcht, notwendig. Und wenn Sie zusätzlich Ihren Kindern auch noch erklären, warum der Hund sich so oder so verhält, und darauf achten, daß sie das Tier nie quälen oder necken und auslachen, wird das Zusammenleben von Kindern und Hunden kein Problem sein.
Ich kenne zum Beispiel einen Mann, der als Kind mit zwei Bernhardinern aufwuchs. Anders als heute ließ man früher Kinder und Hunde unbeaufsichtigt miteinander spielen, die Hunde begleiteten die Kinder auf ihren Touren durch die Dörfer, und niemand machte sich Sorgen, ob das gut ging. In diesem Fall war das für den Jungen die Rettung. Als er eines Tages in den Fluß fiel, stürzten die beiden Bernhardiner hinterher und schleppten ihn unter Aufbietung aller ihrer Kräfte aus den Fluten ans Ufer.
Der Mann heiratete später. Als seine beiden Töchter ins schulpflichtige Alter kamen, kaufte er ihnen ebenfalls einen Bernhardiner. Allen Vorurteilen seiner Verwandten und Bekannten zum Trotz ließ er Hund und Kinder immer zusammen, wenn sie es wollten. Es ist niemals etwas passiert.
Wenn Sie wollen, daß Hund und Kind eine tiefe Beziehung zueinander bekommen, erreichen Sie das am besten über gemeinsames Spiel. Machen Sie sich nicht zu viele Sorgen, fast immer passen die Spielgefährten sich einander an, und der Stärkere nimmt Rücksicht auf den Schwächeren.

Schwierige Hunde

Gibt es Hunde mit Charakterfehlern?

Zu den vielen positiven Berichten über Heldentaten von Rettungs-, Polizei-, Zoll- und Spürhunden gesellen sich in den letzten Jahren immer häufiger ganz andere Meldungen. Da macht ein Rottweiler, der seinen eigenen Herren angefallen und verletzt hat, Schlagzeilen, da wird von zwei Schäferhunden, die sich unversehens auf eine ahnungslose Spaziergängerin gestürzt haben, berichtet, oder spielende Kinder wurden von Hunden angefallen und schwer verletzt. Mehr und mehr sorgen auch die sogenannten »Kampfhunde« für Aufsehen – in der Regel Bullterrier oder Mastinos –, die aufgrund einer systematischen Killererziehung jede Beißhemmung verloren haben und nicht nur ihre Artgenossen, sondern alles, was sich bewegt, zerfleischen. Diese Berichte verunsichern viele Leute, die mit dem Wesen des Hundes nicht vertraut sind, und veranlassen manchen, von der Anschaffung eines Hundes Abstand zu nehmen.

Aus meiner Erfahrung gibt es aber nur wenige von Natur aus bösartige Hunde, wenn ich auch nicht bestreite, daß Hunde, genau wie Menschen, Fehlverhalten zeigen können. Grundsätzlich gibt es nach meiner Einschätzung vier Ursachen, die bei Hunden zu einem mehr oder weniger ausgeprägten Fehlverhalten führen können.

Krankheiten

Wenn ein Tier plötzlich und ohne äußeren Anlaß bissig wird, wenn ein Hund, der bis dahin friedlich mit einer Familie gelebt hat, zuschnappt, wenn man ihn streicheln will, kann die Ursache eine Krankheit und die damit verbundenen Schmerzen sein. Als erstes sollten Sie in so einem Fall also mit dem Hund zum Tierarzt gehen, denn nur er kann entscheiden, ob Ihr Verdacht richtig ist.

Auch wir hier in unserem Internat kennen solche Fälle und lassen Hunde, die auf unsere Erziehungsmethoden nicht ansprechen, tierärztlich untersuchen. Wir haben dabei oft genug erfahren, daß eine Hirnkrankheit, eine Skeletterkrankung oder andere Krankheiten, die dem Hund Schmerzen bereiten, die Ursachen für den angeblichen »schlechten Charakter« unserer Zöglinge waren. Ist eine Heilung der Krankheit nicht möglich, bleibt in solchen Fällen keine Wahl. Diese Hunde müssen schmerzlos getötet und damit von ihrem Leiden erlöst werden, ehe sie nicht wiedergutzumachenden Schaden anrichten. Ein Hund, der unter einer Hirnkrankheit oder unerträglichen Schmerzen leidet, ist nicht mehr berechenbar und vor allen Dingen nicht mehr lenkbar. Allerdings ist dies Gott sei Dank nur höchst selten der Fall: von den über 20 000 Hunden, die wir im Laufe der Jahre hier hatten, waren nur 24 wegen einer unheilbaren Krankheit nicht zu korrigieren.

Zuchtfehler

Inzwischen läßt sich die traurige Bilanz ziehen, daß die häufigsten Ursachen für Charakterfehler bei Hunden Zuchtfehler sind. Gerade bei Rassen, die sehr beliebt und »in Mode« gekommen sind, kommt es immer öfter vor, daß bissige oder bösartige Exemplare in den Handel kommen. Das hängt in erster Linie damit zusammen, daß es bei diesen Modehunden schnell viel Geld zu verdienen gibt, was auch unseriöse Züchter auf den Plan ruft. Ein verantwortungsvoller Züchter wird den Wurf unter ständiger Beobachtung halten und deshalb schon früh merken, wenn ein Welpe oder Junghund ein abnormes Benehmen zeigt. Solche Tiere werden dann von der Zucht ausgeschlossen und an einen erfahrenen Hundehalter, der mit diesen Eigenarten umgehen kann, verkauft. Dieser enge Kontakt zu den Junghunden und die sorgfältige Berücksichtigung nicht nur der äußeren Erscheinung, sondern auch des Charakters fehlen aber bei den nur auf Profit ausgerichteten Züchtern. Jede Hündin wird sooft es geht belegt, und manchmal tummeln sich bis zu 50 Junghunde im Zwinger der Hundevermehrer. Kein Wunder, daß hier kein Überblick über den Charakter mehr möglich ist. Auf diese Weise können sich unmerklich schlechte Charaktereigenschaften vererben und – bei ganz ungünstigen Konstellationen – so potenzieren, daß zum Schluß von Geburt an bösartige Hunde dabei herauskommen, die dann die ganze Rasse in Verruf bringen. Der Rote Cockerspaniel

Rote Cockerspaniels leiden oft unter der sogenannten Cockerwut, die sie unvorhersehbar aggressiv auch gegenüber ihren Besitzern macht

ist ein solch trauriges Beispiel. Viele Vertreter dieser Rasse leiden inzwischen an der »Cocker- oder Spanielwut«, eine plötzlich auftretende, nicht vorhersehbare Aggressivität, die sich in Beißen, auch seines Herren, äußert.

Neben diesen offensichtlichen Zuchtfehlern, die durch mangelnde Sorgfalt bei der Auswahl der Zuchthündinnen und Deckrüden zustande kommen, gibt es auch »Zuchtfehler«, die streng genommen keine sind, aber die Eignung der Rasse als Familienhund beeinträchtigen. Viele Gebrauchshunderassen werden zunehmend auf Aggressivität und Schärfe und nicht mehr auf Charaktereigenschaften wie Zuverlässigkeit und ein ausgeglichenes Temperament hin gezüchtet. Der Deutsche Schäferhund ist hier wohl das bekannteste Beispiel. Über Generationen hinweg wur-

Schäferhunde werden seit Jahren auf Mannschärfe gezüchtet und sind deshalb als Familienhunde nur noch bedingt geeignet

den bei dieser Rasse nur die Tiere zur Zucht zugelassen, die die Deutsche Schutzhundeprüfung erfolgreich abgelegt hatten, also »mannscharf« waren. Das führte dazu, daß eine einseitige Zuchtrichtung entstand, und viele der guten Eigenschaften, die der Deutsche Schäferhund neben seinen Schutzhundeigenschaften früher hatte, verlorengingen. Wer heute also einen Deutschen Schäferhund kauft, sollte viel Hundeerfahrung und die Bereitschaft, der Erziehung des Tieres entsprechenden viel Zeit und Energie zu widmen, mitbringen. Das gleiche gilt für verschiedene andere Schutzhunderassen (Näheres dazu siehe Kapitel: »Die Qual der Wahl« Seite 34 ff.).

Auch bei Jagd- und Windhundrassen stellt sich ein ähnliches Problem. Die jahrelange Zuchtauslese auf jagdliche Eigenschaften ist oft auf Kosten anderer Charakterzüge wie Gehorsam oder Freundlichkeit gegangen, was die Eignung solcher Rassen als Familienhund einschränkt. Sie können von einem Barsoi – eine auf die Hetzjagd spezialisierte Windhundrasse – nicht ohne spezielle Erziehung erwarten, daß er friedlich bei Fuß bleibt, wenn plötzlich neben ihm ein Kaninchen aufspringt. Der Hetztrieb wurde bei der Zucht dieser Hunde immer gefördert und gehört zu ihrem Erbgut.
Solche angeborenen Anlagen lassen sich nicht wegdiskutieren, und Sie sollten sich vor der Anschaffung eines Hundes gut informieren, welche Eigenschaften diese Rasse mitbringt und ob Sie der richtige Besitzer dafür sind.
Wir haben aber auch bei der Erziehung dieser Hunde immer gute Erfolge erzielt, wenn sie früh genug zu uns gebracht wurden.

Fehler bei der Aufzucht

Bei der dritten Gruppe von Hunden mit schwierigem Charakter handelt es sich um sogenannte »Heimkinder«. Meist sind das Tiere, die in den schon erwähnten Hundevermehrungsanstalten im Zwinger ohne nennenswerte menschlichen Kontakte aufgewachsen sind. In den ersten Wochen, in denen die Welpen ja noch ganz auf die Mutter und Geschwister fixiert sind, ist das nicht so

Junge Hunde, die fast ohne menschlichen Kontakt im Zwinger aufwachsen, sind selten so vertrauensvoll wie dieser kleine Setter

problematisch, aber wenn die Kleinen nicht mit etwa acht Wochen zu ihrem neuen Besitzer kommen, sondern monatelang im Zwinger bleiben, entwickeln sie meist Verhaltensstörungen. Genau wie ein Kind, das ohne elterliche Liebe aufwächst, später ein unnormales Verhalten zeigt, sind diese Hunde abnorm, denn sie haben oft nur zu Fütterungszeiten einen Menschen gesehen und sind nie gestreichelt und liebkost worden. Daß es außerhalb des Zwingers noch eine andere Welt gibt, haben sie nie erfahren. Solche Hunde sind dann oft so ängstlich, daß sie hysterisch reagieren, wenn sie plötzlich ihren Zwinger verlassen und statt mit Hunden mit Menschen zusammenleben sollen. Kein Wunder, daß der spätere Besitzer mit solchen in der Jugend vernachlässigten Tieren, Probleme bekommt. Auch Hunde, die lange im Tierheim auf einen neuen Besitzer warten mußten, können Verhaltensstörungen zeigen. (Mehr dazu siehe Seite 64.) Weil wir die Probleme kennen, fragen wir alle Hundebesitzer, die ihren Liebling bei uns zur Erziehung abgeben, nach dem Lebenslauf des Hundes und besonders nach seinen Erfahrungen in der Jugendzeit. Hunde, die im Zwinger großgeworden und wenig mit Menschen vertraut sind, müssen wir mit großer Geduld erst an ein normales Hundeleben gewöhnen. Und wir sind stolz darauf, daß wir auch bei diesen Problemfällen meist erfolgreich sind und den Besitzern zum Schluß einen Hund, der die Menschen als seine Gefährten ansieht, vorführen können.

Erziehungsfehler

Die vierte Ursache für das Fehlverhalten eines Hundes liegt beim Hundehalter, der bei der Erziehung seines Lieblings Fehler gemacht hat. Allerdings ist es aus meiner Sicht falsch, hier von einem Fehlverhalten des Hundes zu sprechen, denn eigentlich verhält er sich völlig richtig und logisch – zumindest nach Hundemaßstäben. Es handelt sich hier um Hunde, die gar nicht lernen konnten, was sie zu tun und zu lassen haben, weil ihnen niemand gezeigt hat, was von ihnen erwartet wird. So haben sie sich einen eigenen Weg gesucht, sich sozusagen zum Rudelführer aufgeschwungen, und – weil keiner ihnen Widerstand geleistet hat – sind sie schließlich herrische Hunde geworden, die niemandem mehr gehorchen.

Cockerspaniel Pumuckel war so ein Beispiel. Als wir ihn in Erziehung nahmen, waren die Besitzer ganz verzweifelt, denn Pumuckel hatte die fatale Leidenschaft entwickelt, alles zu beißen, was sich seiner Haustür näherte. Pumuckel war sonst ein lieber, verschmuster Hund, aber bei der Verteidigung seines Eingangs ließ er sich nicht beirren und war taub für jedes Kommando. Als wir dann weiter nachfragten, stellte sich folgende Geschichte heraus. Die Nachbarn, die den kleinen Spaniel sehr mochten, lockten ihn oft zu sich und verwöhnten ihn nach Strich und Faden. Näherte sich dann ein Besucher der Haustür des Spaniels, schickten sie ihren kleinen Gast unverzüglich los und amüsierten sich immer prächtig darüber, wie er davonschoß und den Eindringling kräftig in die Wade biß. So hatte Pumuckel nie gelernt, daß er nicht beißen sollte, im Gegenteil, er spürte ja die Zustimmung aller, wenn er wieder mal losschoß.

Endgültig zuviel wurde es den Besitzern, nachdem folgende Geschichte passiert war. Pumuckel stattete gerade mal wieder den Nachbarn einen Besuch ab, als an seiner Haustür ein Blumenbote, der einen sündhaft teuren Strauß überbringen wollte, klingelte. Die Nachbarn schickten den Spaniel wie gewohnt los. Pumuckel stürzte also dem Blumenboten entgegen, und der, in Ermangelung einer anderen Waffe, wehrte den wütenden Rüden mit dem Blumenstrauß ab. Als Pumuckel endlich von ihm abließ, konnte der Bote nur noch ein paar unansehnliche Stiele anbieten, den Rest des Traumstraußes hatte der Cocker zerfetzt.

Heute hat Pumuckel gelernt, sich zu benehmen. Er ist zwar immer noch ein guter Wachhund, aber bevor er zubeißt, wartet er auf das entsprechende Kommando seines Besitzers. Sonst bellt er lediglich.

Wir bekommen solche angeblich »schwererziehbaren« Hunde meist erst, wenn ihre Besitzer schon alles, was sie für geeignet halten, ohne Erfolg auspro-

Der Dobermann hat meist eine sehr starke Persönlichkeit, weshalb ein schwacher Besitzer schnell Probleme bekommen kann

biert haben. Oft sind auch einige Familienmitglieder schon gebissen worden, denn diese Hunde fühlen sich – wie gesagt – als Rudelführer und sehen in den Menschen ihre »Untertanen«, die sie zur Ordnung rufen, also beißen dürfen. Das wichtigste ist in einem solchen Fall, den Hunden erst einmal wieder Respekt vor den Menschen beizubringen. Wir machen das mit folgendem Trick. Wir gehen zunächst nur mit einer »verlängerten Hand«, also einem Beißstock, auf den Hund zu. Meist wird er sich erwartungsgemäß diese Respektlosigkeit verbitten und in die ausgestreckte »Hand« beißen. Natürlich ist er maßlos erstaunt, wenn wir, statt wie gewohnt mit Angst und Schrecken zu reagieren, weiter freundlich mit ihm reden und ihn mit der anderen »Hand« – auch ein Beißstock – dabei streicheln. Sobald unsere Schüler merken, daß wir uns von ihren scharfen Zähnen nicht beeindrucken lassen, werden sie schnell friedlicher und sind plötzlich auch zur Kooperation bereit. Solche Hunde entwickeln sich meist zu sehr angenehmen Begleitern, die schnell lernen und am Ende ihrer Lehrzeit zu idealen Familienhunden geworden sind. Man muß sich eben immer vor Augen führen, daß nur die stärksten und besten Hunde das Bedürfnis haben, zum Rudelführer aufzusteigen, und sich diese positive Eigenschaft zunutze machen.

Oft bitten wir übrigens auch die Besitzer, die Probleme bei der Erziehung haben, wenigstens einige Tage zusammen mit ihren Tieren bei uns zu trainieren. Denn all unsere Bemühungen sind nutzlos, wenn der Hund zu Hause spürt, daß sich nichts geändert hat und er sich wie zuvor gegen seinen Herrn durchsetzen kann. Seien Sie sicher, auch wenn Sie ihren Hund noch so wohlerzogen wiederbekommen, er wird zu Hause bald probieren, ob er wirklich gehorchen muß. Auch wenn der Hund gelernt hat, wie er sich benehmen soll, wenn seine Familie nicht weiß, wie sie sich ihm gegenüber verhalten muß, wird er sofort wieder in den alten Trott verfallen. Manchmal hilft in einem solchen Fall schon der verzweifelte Anruf des Besitzers bei uns. Wenn der Hund die Stimme seines Erziehers am Telefon hört, ist er plötzlich wieder lieb und brav.

Richtig erzogene Hunde, die gelernt haben, den Menschen als Rudelführer zu respektieren, sind auch im Umgang mit Kindern kein Problem

Hunde und Tricks

Hunde zeigen aber nicht nur Fehlverhalten, das unbedingt korrigiert werden muß, weil der Hund sonst meint, er sei der Rudelführer, und sich nichts mehr sagen läßt, sondern verfügen auch über ein ganzes Repertoire von Tricks, die zum Teil recht raffiniert sein können. Sogar unsere Ausbilder, die doch wirklich über genügend Erfahrung verfügen, fallen gelegentlich darauf herein. Wir bekamen zum Beispiel einmal zwei Nachbarshunde, Setter Sepp und Dalmatiner Ingo, die sich unter unserer Aufsicht aneinander gewöhnen sollten, da sie sich ständig durch den Gartenzaun ankläfften. Da beide im Internat auf fremden Territorium waren, also keiner sein Heim und sein Rudel verteidigen mußte, schien es uns das einfachste, sie gemeinsam eine Box beziehen zu lassen. Erwartungsgemäß gab es auch kaum Probleme, und bald waren die beiden sogar dicke Freunde geworden. Da das ja ganz in unserem Sinne war, ließen wir sie also die ganze Zeit zusammen. Nur zum Füttern wurden sie getrennt, damit wir eine bessere Kontrolle über Futtermenge und -zusammensetzung hatten. Der Ausbilder der beiden stellte also immer einen Futternapf für Ingo ins Innen- und einen für Sepp ins Außengehege.

Ein paar Tage ging alles gut, aber dann sah der Ausbilder zur Futterzeit auf einmal beide im Außengehege, wo sie einträchtig gemeinsam den Futternapf des Setters leerten. Er glaubte zunächst, er

Setter Sepp und Dalmatiner Ingo wurden bei uns im Internat von erbitterten Feinden zu dicken Freunden

habe vergessen, die Trenntür zu schließen und achtete deshalb bei der nächsten Fütterung besonders sorgfältig darauf, diesen Fehler nicht wieder zu begehen. Trotzdem standen zehn Minuten später wieder beide Hunde am selben Napf.
Neugierig geworden beobachtete er am nächsten Morgen das Paar. Und tatsächlich: Kaum hatte der Ausbilder die Näpfe gefüllt, die Trenntür geschlossen und sich entfernt, lief Setter Sepp zur Tür, öffnete sie geschickt und zielstrebig und gewährte seinem Nachbarn Einlaß. Die beiden fraßen zunächst den Außennapf leer und begaben sich dann gemeinsam nach innen, um Ingos Futter aufzunehmen. Einen besseren Beweis für ihre Freundschaft und damit den Erfolg unserer Erziehung konnten wir uns eigentlich nicht wünschen, und so ließen wir die beiden den Rest der Zeit ruhig gewähren.
Ein sicher vielen Hundebesitzern bekannter Trick ist das Vortäuschen von Schmerzen. Wenn ein Hund einmal krank war oder die Folgen eines Unfalls auskurieren mußte, weiß er aus dieser Leidenszeit, wie angenehm die vermehrte Zuwendung und Aufmerksamkeit war. Er wurde gehätschelt, bemitleidet, gestreichelt und bekam selbstverständlich nur das beste Futter – nach Hundemaßstäben der Himmel auf Erden. Ist er dann wieder gesund, ist die Versuchung groß, einmal auszuprobieren, ob eine vorgetäuschte Krankheit nicht den gleichen Effekt hervorruft. Und wenn die Besitzer dann darauf hereinfallen und wie gewünscht mit Besorgnis und vermehrter Zuwendung reagieren, merkt sich der Hund das und wird die »Mitleidshow« sicher öfter abziehen. Es gibt Hunde, die lebenslang jämmerlich fiepend auf drei Beinen humpeln, wenn sie etwas erreichen wollen, weil sie einmal nach einem Beinbruch alles bekamen, was sie wollten. Natürlich ist es kein Problem, den Hunden ein solches Verhalten wieder abzugewöhnen, man braucht das Tier nur konsequent nicht zu beachten, solange es seine Schau abzieht. Das erfordert zwar unter Umständen etwas Geduld und Nervenstärke, aber ist ganz sicher wirksam.
Ein weiterer, beliebter Trick, auf den fast alle Hundebesitzer hereinfallen, ist der vorgetäuschte Druck auf die Blase. Jeder Hund weiß natürlich, daß er, wenn er muß, Gassi gehen darf. Wenn er also raus will, muß er sich nur, möglichst in angeblich größter Bedrängnis, vor die Tür stellen und sich bemerkbar machen. Irgend jemand aus der Familie wird dann sicherlich mit ihm rausgehen – er hat also sein Ziel erreicht. Einige Hunde haben wenigstens noch so viel »Anstand«, sich ein paar jämmerliche Tropfen abzuquetschen, aber oft ist das angeblich so dringliche Bedürfnis, einmal im Freien, plötzlich vergessen. Aber da es natürlich auch vorkommt, daß der Hund tatsächlich muß, wenn er nach draußen will, wird dieser Trick immer ziehen, denn der Besitzer kann nie entscheiden, ob das Bedürfnis nun vorgetäuscht oder echt ist.
Wie raffiniert Hunde sein können, illustriert auch die Geschichte von Dackel Trixie und Boxer Emil, die zusammen in

Um spazierengehen zu können, lassen sich manche Hunde tolle Tricks einfallen

einem Haushalt lebten. Trixie war ungeheuer verfressen und versuchte dauernd, an Emils Napf zu kommen. Aber der Boxer verteidigte sein Futter energisch. Da er größer und gewichtiger war, stand ihm natürlich auch ein größerer Napf mit mehr Inhalt zur Verfügung. Und Trixie mußte jeden Morgen mit ansehen, wie der Boxer gemütlich sein Futter aufnahm, während sie bereits vor einem leeren Napf saß. Bis sie eines Tages auf einen Supertrick verfiel. Beide Hunde hatten, wie jeden Tag, ihre Futterration bekommen. Trixie schlang den Inhalt ihres Napfes wie immer blitzschnell hinunter und rannte dann laut bellend zur Tür. Dort blieb sie stehen und bellte so lange wütend und anhaltend, bis Emil aufmerksam wurde und nachschauen kam, was eigentlich los war. Obwohl sich an der Haustür nichts regte, fiel er auf den Trick des raffinierten Dackels herein und unterstützte seine kleine Freundin beim Bellen. Während er noch den vermeintlichen Eindringling in Schach hielt, fraß das Dackelbiest blitzschnell den Boxernapf leer. Am nächsten Tag spielte sich dasselbe ab. Es dauerte einige Tage, bis Emil den Trick durchschaute.

Möglichkeiten und Grenzen der privaten Hundeerziehung

Wenn Sie bis hierhin gelesen haben, werden Sie vielleicht denken: »Das klingt alles sehr logisch, es ist offenbar ganz einfach, einen Hund zu erziehen. Warum gibt es überhaupt Hundeschulen? Es wäre doch besser, jeder Besitzer erzöge seinen Hund selbst.«

Im Prinzip haben Sie recht, und meist ist es ja auch so. Aber viele Hundebesitzer, die von ihrem Vierbeiner zum Beispiel erwarten, daß er aufs Wort gehorcht und ein zuverlässiger Wächter und Beschützer ist, haben gar nicht die Zeit, ihn dazu auszubilden. Andere haben zu wenig Erfahrung im Umgang mit Hunden und sind vernünftig genug zu wissen, daß Experimente hier eher gefährlich als nützlich sind. Ich kann jedem, der sich einen großen oder problematischen Hund zulegt und keine Erziehungserfahrung hat, nur raten, zusammen mit ihm zu einem erfahrenen Hundelehrer zu gehen und sich in die Grundbegriffe der Hundeerziehung einweisen zu lassen beziehungsweise zusammen mit einem Hundepädagogen das Tier zu unterrichten. Wir wissen von unseren bald 20 000 Kunden, daß diejenigen, die zusammen mit ihrem Hund bei uns in »die Lehre« gegangen sind, zeitlebens keine nennenswerten Probleme mit ihrem Gefährten hatten. Andere bringen ihren Vierbeiner jährlich oder in größeren Abständen zur Nacherziehung zu uns. Das wird immer dann erforderlich, wenn die tägliche Erfahrung mit den eher inkonsequenten Besitzern beim Hund alles Erlernte wieder in Vergessenheit geraten läßt.

Oft sind wir auch die letzte Hoffnung für Familien, die einen Hund haben, der trotz aller Mühe seine Fehler nicht läßt. Das muß nicht an den Besitzern selbst liegen. Denken Sie an Menschen, die sich einen bereits erwachsenen Hund aus dem Tierheim holen und dann erkennen müssen, daß er bei Gewittern hysterisch reagiert, daß er den Briefträger oder die Schwiegermutter beißt, daß er Nachbars Katze dauernd jagd oder ähnliches. In solchen Fällen haben wir vom Internat einfach die besseren Möglichkeiten zur Erziehung, als sie ein normaler Hundebesitzer hat. So arbeiten

Airdaleterrierhündin Tessa hatte eine seltsame Vorliebe für Hühnerküken, die sie überall stahl

wir zum Beispiel mit Monitoren und Lautsprechern. Der vierbeinige Schüler wird also beobachtet, ohne daß er einen Menschen in seiner Nähe sehen, riechen oder hören kann. Erwischen wir ihn so bei einer Unart, ertönt aus dem Lautsprecher der Tadel – für den Hund unbegreiflich und deshalb besonders wirkungsvoll. Hunde, die nicht gelernt haben, allein zu sein und dauernd winseln oder die Wohnung kaputtmachen, können auf diese Weise ganz schnell von ihrer Neurose befreit werden. Ohne persönlich anwesend zu sein, können wir den Hund über Lautsprecher tadeln, wenn er winselt oder anfängt den Teppich zu zernagen. Genauso wichtig sind aber das Lob und die Beruhigung durch die körperlose Stimme. Das hilft dem Hund, der ja nicht böse, sondern meist

nur ängstlich oder verstört ist, seine Einsamkeit zu ertragen, und so verliert sie allmählich ihre Schrecken.

Ein weiteres Beispiel: Wenn ein Hund extrem geräuschempfindlich ist, können wir ihn ganz langsam erst an kleine Glöckchen, dann an laute Glocken und schließlich sogar an Schüsse oder Donnergrollen gewöhnen. Diesen Aufwand könnte ein normaler Hundebesitzer gar nicht betreiben.

Auch den Umgang mit anderen Tieren bringen wir unseren Zöglingen bei. Im Internat haben wir Katzen, einen Hühnerhof und ein Kaninchengehege, und sogar eine Heidschnuckenherde. Unsere Kaninchen sind Hasenkaninchen, eine sehr alte Rasse. Sie haben lange Hasenohren, so daß die Hunde darin sowohl Kaninchen als auch Hasen sehen.

Beim Stichwort Hunde und andere Tiere fällt mir noch eine Geschichte ein, die zeigt, daß Hunde zu anderen Tieren, sogar zu Beutetieren, eine regelrechte Liebe entwickeln können. Ein Beispiel dafür ist eine Airdalehündin mit einer seltsamen Leidenschaft für Hühnerküken. Die Hündin war wie verrückt auf die kleinen, gelben Flaumbällchen. Sie klaute sie auf ihren Streifzügen durchs Dorf und schleppte sie nach Hause. Sie tat den Küken nie etwas zuleide, sondern umsorgte sie nach Hundeart. Die kleinen Hühnchen wurden abgeschleckt und zwischen die Pfoten genommen. Der arme Besitzer hatte jeden Tag alle Hände voll zu tun, um die gestohlenen Hühnerküken wieder zu ihren rechtmäßigen Besitzern zurückzubringen. Nur um dann festzustellen, daß sich ihm am Abend des nächsten Tages das gleiche Bild bot. Vielleicht hätte man der Hündin eigene Küken geben sollen, allerdings weiß ich nicht, wie lange sie die Hundeliebe vertragen hätten.

Für die Verkehrserziehung nehmen wir unsere Schüler immer mit in die nahe Stadt, wo sie Post, Bahnhof, Fußgängerzone, Straßen und Verkehr kennenlernen. Beim Üben für den Verkehr benutzen wir auch das Naturelement Luft. Ich habe festgestellt, daß Hunde auf bestimmte Geräusche und starke Luftbewegungen viel sensitiver reagieren als wir Menschen. Bei uns wird ein Hund, wenn er zum Beispiel ein Auto verfolgen will, mit Preßluft angeblasen. Die Hunde verbinden diese unangenehmen, aber nicht schmerzhaften Erlebnisse dann mit Autos und lassen die Verfolgungsjagden sein.

Die Lautsprecher dienen uns – in Verbindung mit den Kameras – auch dazu, allzu ängstliche Hunde aufzumuntern.

Wenn wir etwa einen nervösen Hund zum Bewachen der Wohnung erziehen sollen, ermuntern wir ihn, sobald er allein im Zimmer ist, über Lautsprecher so lange, bis wir ihm den Rücken gestärkt haben.

In den über 40 Jahren, die ich jetzt Hundeerziehung betreibe, habe ich noch nicht einen einzigen Fall erlebt, bei dem Schläge geholfen hätten. Ich bestrafe einen Hund niemals mit Schlägen und kann nur jedem Hundefreund raten, auch darauf zu verzichten und sich lieber an die in diesem Buch zusammengestellten Ratschläge und Maßnahmen zu halten.

Register

Halbfette Seitenzahlen verweisen auf eine ausführliche Erläuterung des Begriffs und *kursive* Seitenzahlen auf Abbildungen.